U0257804

孩子的营养食谱
全指导

陈　勇／编著

青岛出版社
QINGDAO PUBLISHING HOUSE

图书在版编目（ＣＩＰ）数据

孩子的营养食谱全指导 / 陈勇编著. –– 青岛：青岛出版社, 2018.10

ISBN 978-7-5552-7115-4

Ⅰ. ①孩… Ⅱ. ①陈… Ⅲ. ①儿童 – 保健 – 食谱Ⅳ. ①TS972.162

中国版本图书馆CIP数据核字(2018)第179191号

书　　名	孩子的营养食谱全指导	
编　　著	陈　勇	
出版发行	青岛出版社	
社　　址	青岛市海尔路182 号（266061）	
本社网址	http://www.qdpub.com	
邮购电话	13335059110　0532-85814750（传真）　0532-68068026	
选题策划	周鸿媛	
图文统筹	张海媛	
责任编辑	杨子涵	
特约编辑	昝　阳　宋总业	
菜品制作	陈　勇	
设计制作	丁文娟	
插图绘制	青岛创意动感设计工作室	
制　　版	上品励合（北京）文化传播有限公司	
印　　刷	青岛海蓝印刷有限责任公司	
出版日期	2018年11月第1版　2018年11月第1次印刷	
字　　数	300千	
图　　数	500幅	
印　　数	1-6000	
开　　本	16 开（720 毫米×1020 毫米）	
印　　张	21	
书　　号	ISBN 978-7-5552-7115-4	
定　　价	58.00 元	

编校印装质量、盗版监督服务电话 4006532017　0532-68068638

建议陈列类别：育儿类　孕产类

虽然还没有为人父母，但自从家里多了个小外甥，我有了人生中很多的第一次体验：给小外甥做第一口辅食；第一次在他生病时给他设计调养食谱……当然，很多第一次都离不开吃。特别是他 3 岁以后，管好他的吃更是我每天工作的重中之重。

说起小外甥吃饭的事儿，真是让人头痛。他要么吃了太多零食，到正餐就不好好吃饭，要么吃饭的时候总爱拿着玩具，或者边看电视边吃。作为他的"御厨"，我开始了与他"斗智斗勇"的生活，还专门去咨询了本书的特约专家——北京中医药大学第三附属医院儿科的副主任医师刘慧兰，也正是因此，我积累了大量育儿营养方面的经验，迫不及待地想跟所有家长们分享。

宝宝不爱吃饭的坏处有很多，比如影响长个儿，影响免疫力提高、影响大脑发育等，要想让孩子茁壮成长，把好饮食健康关至关重要。本书针对的是 3~6 岁的宝宝，这个阶段的宝宝正是长身体的时候，再加上到了入园期，很多家长都担心宝宝在幼儿园里吃不好，想着在家里给他补补营养。在给宝宝补充营养之前，家长需要了解 3~6 岁宝宝的身体发育特点和营养需求；对于偏食、挑食的宝宝更要找出原因，"对症下药"；对于缺乏某种营养素的宝宝，家长可以从饮食方面为他进行调理；如果宝宝生病了，家长要避开一些饮食误区，让他吃好喝好……关于宝宝的饮食问题，家长需要考虑的问题真是多！不过没关系，这些内容在本书里均有涉及，书里提供的食谱我都给小外甥做过，每次他都很给面子地实行"光盘行动"。

虽然我只是一个厨师兼营养师，做出营养丰富、健康宝宝喜欢的吃食是我的主要任务，但为了让本书更具指导意义，我与刘慧兰副主任进行了详细的研讨、论证，并结合她多年的临床经验，总结了本书的理论指导内容，希望能给家长们提供养护帮助，给宝宝们送上一份健康呵护。

————陈小厨（陈勇）

首先，恭喜您，作为女性，您迎来了生命中最快乐的时光——能和宝宝一起成长！当然，宝宝的成长发育速度也是惊人，经常是加了几天班，终于有时间陪宝宝了，忽然发现宝宝又添加了某项新技能！尤其是 3~6 岁的宝宝，时不时蹦出几个新的英语单词，或者做出一件成人都想不到的艺术品，抑或说出一句"至理名言"等。

宝宝带来的惊喜这么多，但是作为父母，都希望自己的宝宝发育得更好，不论是身体还是智力，都应该优于父母小时候。于是，就出现了一些父母给宝宝吃补品，报各种早教班的现象。其实，大家都忽略了一个问题——宝宝的身心发育离不开营养以及科学的护理。

科学的营养可以让宝宝的身体壮壮的，少生病，又不会吃成"小胖墩"，合适的营养能让宝宝恰如其分地补充到智力发育所需要的物质，这也是人们经常说吃出聪明宝宝的原因。光顾营养还不够，还要照顾宝宝的口味，因为宝宝并不"专一"，有可能今天爱吃这个，明天就不爱吃了，也有可能因为某种食物长得不好看、气味不好闻就不吃了。所以，家长们需要成为一个好厨师。我推荐这本《孩子的营养食谱全指导》。

一打开这本书，您就能看到满满的科学护理以及好吃易做的宝宝餐，而且不是简单地扔出一个菜谱就了事，里面有详细的做法，一步一步都讲得很清楚，还有应对宝宝挑食的方法，以食材换食材的方法等，更难能可贵的是，当宝宝生病了该怎么护理、吃什么，本书都介绍得非常详尽。可以说，一本书在手，学会的不仅仅是一道菜，而是如何做父母。

在这里我就不多说了，把时间留给家长们欣赏本书，希望此书值得你做永久的收藏。

————刘慧兰

北京中医药大学第三附属医院儿科副主任

c o n t e n t s

目录

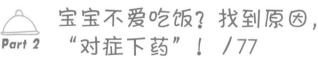

宝宝不爱吃饭？找到原因，

Part 2 “对症下药”！ / 77

你家也有不爱吃饭的熊孩子吗？ / 78
宝宝为什么会偏食、挑食？陈小厨帮你找原因 / 79
小心！宝宝偏食、挑食不是小问题 / 80
看到宝宝偏食、挑食就火大？不妨换个角度看问题 / 82

Part 3 注重营养补充，为宝宝的健康加分 / 87

补碘 抓住最佳补碘期，让宝宝拥有最强大脑 / 146

🍽 **吃对"特效"食物，让宝宝赢在起跑线上** / 155
Part 4

Part 1

宝宝的一日三餐，吃好喝好身体好

记得小外甥刚 1 岁多时，妹妹就开始调研各种早教中心，希望他赢在起跑线上。我却认为智力开发固然重要，但健康才是一切的起点，没有健康的身体一切都是零。而科学喂养可以帮助宝宝健康成长。3~6 岁是宝宝成长的关键时期，需要大量的营养支持。那么，3~6 岁的宝宝需要哪些营养呢？如何安排好他们的一日三餐？本章是我给小外甥准备食谱时的经验总结，从选材、烹饪到营养，都很用心，小外甥也很喜欢吃。作为宝宝"御用厨师"的你也来试试吧，宝宝肯定给你点赞！

3~6岁的宝宝饮食上跟0~3岁时有啥不同？

关于 3~6 岁宝宝的吃饭问题，有些家长觉得按照 0~3 岁的标准做宝宝餐，就能满足孩子的需要了。我利用自己的专业知识以及刘主任提供的养育资料，再结合小外甥的成长历程，却得出了不同的答案。现在，来看看我的经验总结，给家长们做个参考：

🌱 3~6 岁的宝宝需要更多的热量

跟 0~3 岁相比，宝宝 3 岁以后的生长速度要相对减慢一些，平均每年身高增加 5~6 厘米，体重每年增加 1.5~2 千克，但这并不意味着其对热量的需求减少，相反他需要更多的热量。因为 3~6 岁的宝宝活动量越来越大，除了吃饭睡觉之外，几乎没有闲着的时候（相信很多家长都有这样的体会，自己累得不行了但宝宝还是精神头十足地到处跑）。那么，3~6 岁的宝宝每天需要多少热量呢？请参考下表：

3~6 岁宝宝每日热量需求[1]

宝宝年龄 \ 热量需求 \ 宝宝性别	男	女
3 岁	5648.4 千焦	5439.2 千焦
4 岁	6066.8 千焦	5857.6 千焦
5 岁	6694.4 千焦	6276 千焦
6 岁	7112.8 千焦	6694.4 千焦

[1]本表格根据以下资料整理：《家庭育儿指导》（全国家庭服务高级人才开发培训系列教材），海洋出版社 2014 年 11 月。

❤ 3~6 岁的宝宝比以前可以吃更多的食物

跟 0~3 岁时相比，3~6 岁宝宝的肠胃等消化器官、肝肾等代谢器官进一步发育，再加上牙齿基本上都长全了，他们能吃的食物比 0~3 岁时更多，甚至能跟大人吃一样的饭菜。不过，需要注意的是，3~6 岁宝宝的肠胃跟大人的相比，消化能力仍然有限，过量吃生、冷、硬的食物容易导致消化不良、腹泻等。所以给 3~6 岁宝宝准备饭菜，仍然以温热、软硬适度为宜。

❤ 3~6 岁的宝宝大脑发育需要更多的营养

3~6 岁宝宝各组织器官都在继续发育，功能也在不断完善，这意味着他们比 0~3 岁时需要更加多样化的营养。特别是大脑的发育，事关宝宝的一生，更需要营养的支持。3~6 岁时宝宝将完成神经细胞的分化，同时脑细胞体积增长以及神经纤维的髓鞘化仍然在继续，到 6 岁时脑重能达到成人的 90% 左右。这时，作为宝宝的"御用厨师"，家长需要给宝宝准备促进大脑发育的食物，这方面的内容在本书 p.156 "健脑益智，让宝宝越吃越聪明"中有详细阐述，供家长们参考。

宝宝大脑发育过程图

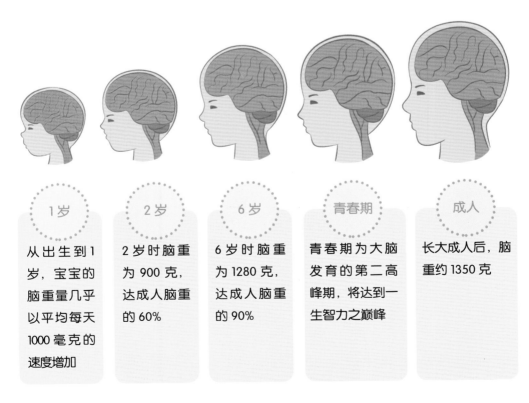

1岁	2岁	6岁	青春期	成人
从出生到1岁，宝宝的脑重量几乎以平均每天 1000 毫克的速度增加	2 岁时脑重为 900 克，达成人脑重的 60%	6 岁时脑重为 1280 克，达成人脑重的 90%	青春期为大脑发育的第二高峰期，将达到一生智力之巅峰	长大成人后，脑重约 1350 克

🌱 3~6 岁的宝宝开始有喜欢吃的东西了

跟 0~3 岁宝宝相比，3~6 岁宝宝的语言表达能力进步很大，同时他们也有了自己的想法，在跟大人逛超市，或者大人询问想吃什么时，他们会说出自己想吃的东西。我家小外甥就是典型的例子，每次逛超市，总会听到他的各种要求："舅舅，我要吃薯片""舅舅，我要喝可乐"……这意味着宝宝的饮食变得更杂。也有的宝宝像我小外甥一样，抵抗不了膨化食品、碳酸饮料等垃圾食品的诱惑，变得挑食起来。这时，家长更需要引导好宝宝，让他爱上吃饭，更要控制好他吃零食的时间和量，避免影响到正餐。

● 3~6 岁的宝宝有了自己的饮食倾向性，喜欢什么不喜欢什么，表现得很明确。

🌱 5~6 岁的宝宝开始长第一颗恒牙了

一般在 5 岁左右，宝宝的乳牙开始松动，6 岁左右长出第一颗恒牙，这意味着我们给宝宝准备的饮食不论在软硬程度还是在营养方面，要求都更高了。

儿童牙齿萌出和换牙图

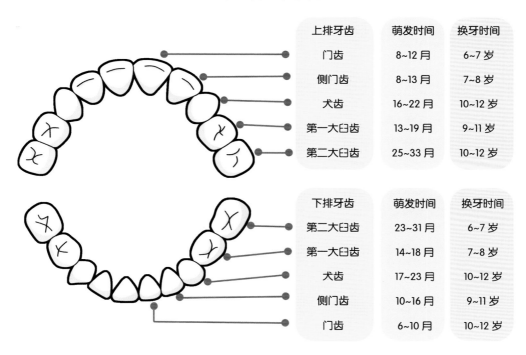

上排牙齿	萌发时间	换牙时间
门齿	8~12 月	6~7 岁
侧门齿	8~13 月	7~8 岁
犬齿	16~22 月	10~12 岁
第一大臼齿	13~19 月	9~11 岁
第二大臼齿	25~33 月	10~12 岁

下排牙齿	萌发时间	换牙时间
第二大臼齿	23~31 月	6~7 岁
第一大臼齿	14~18 月	7~8 岁
犬齿	17~23 月	10~12 岁
侧门齿	10~16 月	9~11 岁
门齿	6~10 月	10~12 岁

小外甥还没有到换牙的年纪，我先做了一番功课，宝宝换牙期间应该这么吃：

多吃有一定硬度的食物

宝宝乳牙松动时，多吃有一定硬度的食物，如水果、胡萝卜、豆类、玉米、芹菜等，增加牙齿的咀嚼，使它们得到充分刺激而如期给恒牙"让位"。不过，不要给宝宝吃太硬的，比如骨头、螃蟹壳之类我们大人都啃不动的食物。

多吃含钙丰富的食物

钙是牙齿的重要组成部分，宝宝钙摄入不足可能影响到恒牙的生长和固化，所以宝宝换牙期间要多吃含钙丰富的食物。另外，3~6 岁的宝宝长个头也需要钙的支持。关于补钙的内容，本书 p.88 会详细说明。另外，别忘了给宝宝多吃富含维生素和膳食纤维的水果、蔬菜，它们对宝宝的牙齿健康和身体发育都有益。

家长须知的 3~6 岁宝宝日常营养膳食宝塔

在上一小节，我们一起了解了 3~6 岁宝宝的身体发育和饮食特点，那么平时给宝宝做饭，应该准备哪些食物？分别准备多少？各自占的比例又是多少呢？以中国营养学会关于三大产能营养素的推荐摄入量为基础，参照中国居民膳食模式及生活习惯，3~6 岁儿童膳食营养素提供的能量的构成比分别为：蛋白质 12%~14%，油脂 30%~35%，碳水化合物 56%~63%[①]。

以下营养膳食宝塔很实用，家长们可以参考一下。

3~6 岁儿童平衡膳食种类及用量宝塔示意图[②]

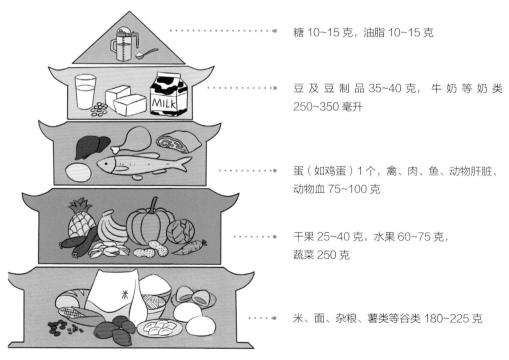

糖 10~15 克，油脂 10~15 克

豆及豆制品 35~40 克，牛奶等奶类 250~350 毫升

蛋（如鸡蛋）1 个，禽、肉、鱼、动物肝脏、动物血 75~100 克

干果 25~40 克，水果 60~75 克，蔬菜 250 克

米、面、杂粮、薯类等谷类 180~225 克

①②参考：《家庭育儿指导》（全国家庭服务高级人才开发培训系列教材），海洋出版社

有了这个营养宝塔，给宝宝做起饭来更加得心应手。但是，我以"过来人"的经验提几点建议：

一是合理分配

宝塔上列举的是 3~6 岁宝宝一天要摄入的食物种类和量，而不是每一餐都如此，你需要把这些食物分成三餐两点给宝宝吃。你可以将谷类食物做成粥，搭配鸡蛋或少许的菜作为早餐；用蔬菜、肉类炒菜或炖汤，搭配谷类食物做成的米饭或馒头当午餐、晚餐；牛奶可以作为早餐，也可以作为加餐，干果、水果可以作为加餐帮助宝宝补充能量。根据中国居民膳食习惯，一般早餐、午餐、晚餐提供的能量比例是 3：4：3，加餐则是安排在两餐之间，少量用来补充体能，让宝宝不觉得特别饿就可以。

二是灵活运用

这个宝塔只是一个参照，在具体执行时一定要灵活。例如在食物种类上，不必拘泥于每天必须按照宝塔上列举的种类准备齐全，只要大类上符合，在一段时间内保证让宝宝吃到多种食物就可以了。在量上也不用非得生搬硬套宝塔上的，有的宝宝吃得少，有的宝宝吃得多，只要他吃七分饱就可以了。宝宝吃完饭后不觉得饿也不觉得撑，吃的欲望变得不强烈，吃饭的速度慢下来，这基本上就达到七分饱了。

 唠唠唆唆带娃经

　　有了小外甥之后，我爱心爆棚，经常去找刘慧兰主任聊育儿常识，她说得最多的一句话就是"要得小儿安，需得三分饥和寒"，意思是说想要宝宝平安健康，就不能给他吃得太饱、穿得太暖。从吃的方面来说，让宝宝吃七分饱就可以了。从成人的角度来看，七分饱比较容易感知，就是吃完饭不觉得饿也不觉得撑，还能吃一些但又不是特别想吃。但对于表达能力还很有限的宝宝来说，七分饱的量不容易控制。我是这样避免做过量的：每次吃饭时，给他吃的量比我们平时想象的量要少一些，他吃完觉得还没饱时会主动跟我再要一些饭菜；如果他开始不专心吃饭，或者说"不"的时候，说明他还不饿，这时我把食物都拿走，不强迫他多吃，等他觉得饿时，自己会找吃的，不到饭点或加餐的时间，我都会联合家人，拒绝给他食物，等正餐时再给他吃。

早餐 3~6 岁宝宝一周餐单推荐①
黄金夹心馒头片 + 蔓越莓酸奶

黄金夹心馒头片

金灿灿的馒头片，还有
恰到好处的蔬菜和肉片，很
容易吊起宝宝的胃口哦！

材料 普通大馒头 1/2 个，鸡胸肉、
生菜各 50 克，鸡蛋 1~2 个。

调料 盐、黑胡椒粉各适量，油
少许。

开始做饭喽！

1 馒头放到冰箱的冷冻室里
冷冻 20 分钟左右，按压感
觉有些硬时拿出来切片。

2 鸡胸肉切成跟馒头片同样
大小的片，然后用松肉锤
来回敲打至完全变软，均
匀地撒盐、黑胡椒粉，再
来回敲打 2~3 分钟帮助入
味，随后将鸡肉片煎熟。

①本章节只提供一日三餐的餐单。上
午 10 点左右、下午 2~3 点的加餐，
家长可以给宝宝安排酸奶、水果、干
果、饼干等；套餐里的三餐可以随心
搭配、互换。

3　鸡蛋磕入碗里，用筷子顺着一个方向搅散，然后放入馒头片，裹满蛋液。

4　平底锅放在火上，倒入少许油，用小火加热到有烟冒出来时，放入裹好蛋液的馒头片，煎到两面金黄、干爽就可以了（记得多翻几次面）。

5　将一块煎馒头片放在下面，上面放鸡肉片、生菜，然后用另一片煎馒头片盖上即可。

如果食材不烫手了，也可以让宝宝动手摆放夹心馒头。

蔓越莓酸奶

酸酸甜甜的，真是太好喝啦！你要不要尝一口？

材料　纯牛奶600毫升，蔓越莓30克，酸奶发酵剂1克。

开始做饭喽！

1　**让宝宝帮忙：**把新鲜蔓越莓洗净，放到酸奶盒底部，用勺子压碎。

蔓越莓被压碎后会流出一些汁水，能让酸奶更美味。

2　加入纯牛奶，然后再放酸奶发酵剂，用筷子搅拌均匀，盖上盖子。

3　放入养生壶里，加入酸奶盒一半高度的水，接着把养生壶的温度调到40℃，选择保温功能发酵8个小时就可以了。

简易做法：买一袋品牌的纯酸奶，倒进碗里，加入压碎的蔓越莓搅拌均匀就可以了。

营养细细看 ☺

馒头片是碳水化合物的主要来源之一，能帮助宝宝恢复力气；鸡肉、鸡蛋、生菜里的蛋白质、铁、维生素等营养物质是宝宝身体各器官活动都离不开的物质；酸奶虽然只是配餐，但别小瞧了它，它可是让宝宝胃口大开的能手哦，还能提高宝宝的消化能力呢！

换着花样吃 🍒

黄金夹心馒头片的材料不是固定的，只要是宝宝喜欢吃的，你都可以尝试。比如把生菜换成胡萝卜，胡萝卜里的胡萝卜素对宝宝的视力健康有帮助哦。对于缺铁的宝宝，妈妈可以给他准备含铁丰富的牛肉片，味道也不错的！

菌菇营养饭
+
清炒爽脆卷心菜
+
南瓜豌豆浓汤

营养师
笔记

自从小外甥上了幼儿园之后，对吃的要求是"与日俱增"。这不，他又来"抗议"了："舅舅，光吃大米饭没味道。"这事简单啊，不想吃大米饭是吧，那我就往里面加点儿"料"——鲜香的香菇，清甜的杏鲍菇，还有脆脆的茶树菇，再配上长得像太阳的鸡蛋，我就不信你不"投降"。果然，菌菇营养饭一上桌，小外甥就迫不及待地吃起来。跟宝宝"斗智斗勇"还能锻炼自己的大脑、提高厨艺，不错！

菌菇营养饭

材料

大米 100 克
鲜香菇 1~2 朵
鲜杏鲍菇 50 克
鲜茶树菇 50 克
鸡蛋 1 个
香葱 2 根

调料

海带汤 1 大碗
酱油 10 毫升
芝麻油 5 毫升
芝麻盐 5~10 克

芝麻盐是安徽北部、河南南部一带的一种调料，自己在家也可以做：先用小火把芝麻炒熟，晾凉后加适量盐拌匀，再用擀面杖擀碎即可。

开始做饭喽！

1 **清洗菌菇：** 先简单地用水冲洗一下香菇，然后放进盆里，加 2 勺盐，倒入半盆水，浸泡 10 分钟左右，再拿着筷子在水中朝一个方向旋转搅动，接着去掉柄，切成 4~6 片；杏鲍菇清洗干净，然后切成薄的小圆片；切掉茶树菇的底部，然后一根根分开，洗干净。

2 将大米淘洗干净，与香菇片、杏鲍菇片、茶树菇一起放入锅里，倒入海带汤，按下"煮饭"键，将米饭煮熟。等米饭稍凉，盛在碗里。

3 把平底锅放在火上，加入少许油，用小火加热至有一点儿烟冒出（这时油四五成热），倒入调好的鸡蛋液，待蛋液略凝固时快速滑散，完全成型后盛出，与蒸熟的米饭拌匀。

4 香葱洗净，切碎，加入酱油、芝麻油、芝麻盐拌匀，制成拌饭用的酱料。吃饭的时候，让宝宝根据自己的喜好来加酱料就好。

清炒爽脆卷心菜

材料 卷心菜 100~150 克，蒜 1 头，胡萝卜 1/2 根。

调料 油、盐、黑胡椒粉、豆蔻粉（用来提香的，可依个人口味选择是否添加）各少许。

开始做饭喽！

1 卷心菜一片片摘下，清洗干净，然后沿着叶茎把叶子撕成碎片；蒜带皮拍扁，去掉外皮，再切碎；胡萝卜去皮，洗净，切片。

2 炒锅放于火上，加热到锅变烫，放少许油，立即把卷心菜叶、胡萝卜片下锅（热锅凉油可以减少菜叶里维生素的流失），大火炒软，加盐、黑胡椒粉和豆蔻粉翻炒均匀就可以了。

南瓜豌豆浓汤

材料 小南瓜 1/2 个，鲜豌豆 60 克，鸡蛋 1 个。

调料 盐适量，油少许，芝麻油 5 毫升。

开始做饭喽！

1 南瓜去外皮、瓤，洗干净后切成小丁；鲜豌豆清洗干净。

2 锅里加入少许油，用小火烧到微微冒烟，放入南瓜丁和豌豆，用中火翻炒 2 分钟左右。

3 加入适量清水，大火煮沸后转中小火煮至南瓜丁软烂，然后倒入鸡蛋液，迅速搅匀（一倒入就搅，不要等蛋液凝固），最后加入盐、芝麻油调味。

营养细细看 ☺

米饭能为宝宝提供能量；菌菇含有维生素、膳食纤维以及特有的活性物质；鸡蛋含有丰富的蛋白质、铁等营养物质；卷心菜是维生素和膳食纤维的重要供应者。南瓜豌豆浓汤不仅含有蛋白质、淀粉，还含有膳食纤维、维生素、铁等多种营养物质。本套餐非常适合宝宝中午时吃。

换着花样吃 ♣

如果宝宝不喜欢吃卷心菜，可以用羽衣甘蓝和紫甘蓝代替，绿色和紫色搭配很养眼，而且口感脆脆的，很好吃！

晚餐 荠菜馄饨 + 地瓜片蔬菜沙拉

荠菜馄饨

圆滚滚的"元宝"，黄色、绿色搭配的沙拉，可吸引宝宝的眼球，勾起宝宝的食欲

材料 馄饨皮适量，荠菜、猪肉馅各500克，紫菜1小块，姜、葱、香菜各适量。

调料 盐、胡椒粉、料酒、芝麻糊各适量，生抽、海鲜酱油各少许。

开始做饭喽！

1 择掉荠菜根部；盆里倒入适量水，加入1把面粉、1勺盐拌匀，再放进荠菜反复淘洗至洗菜水变清。

2 荠菜用开水烫软，稍凉后切碎；葱、姜均洗净，切末；香菜洗净，切段。

3 猪肉馅放盆里，加入盐、胡椒粉、料酒、生抽和少许水，顺着一个方向搅拌，当猪肉馅呈比较稠的糊状

时加入葱末、姜末、荠菜碎搅匀，馄饨馅就调好了。

4 取一张馄饨皮，另外一只手拿着勺子盛少许馅儿放到馄饨皮上，然后把馄饨皮对折捏紧，接着把两个角重叠压住捏紧，造型可爱的馄饨就包好了。

5 锅里加适量水烧开，放入馄饨，盖上盖子，中火煮开，再加小半碗水，继续盖上锅盖煮开就可以熄火了。紫菜用清水冲洗一下放入碗里，加入少许盐、芝麻油、海鲜酱油，然后用勺子捞起馄饨，盛入碗里，再浇上1勺热汤，撒上香菜碎就可以了。

地瓜片蔬菜沙拉

脆脆的地瓜和清甜的蔬菜，每一口都是宝宝的挚爱！

材料 中等大小的地瓜1/2个，西洋生菜2片，橘子1个，猕猴桃1/2个，香蕉1/2根，樱桃番茄4个。

调料 蜂蜜、柠檬汁、沙拉酱各少许。

开始做饭咯！

1 地瓜洗净，切成薄片，放在冷水里泡30分钟左右。

2 用刷子在地瓜片上均匀地抹上一层橄榄油，摆在烤盘上。烤箱把温度调到180℃预热，预热好后放入地瓜片烤7~8分钟，然后翻面，再烤7~8分钟。

3 西洋生菜洗净，撕成小片；橘子去皮，分瓣；猕猴桃、香蕉均去皮，切片；樱桃番茄洗净外皮。

4 把处理好的所有材料一起放在沙拉碗里，加入少许蜂蜜、柠檬汁、沙拉酱拌匀就可以了。

营养细细看 ☺

别看这份套餐简单，光是馄饨就汇集了蛋白质、钙、铁、维生素等多种营养素，更别提地瓜片蔬菜沙拉了，里面的地瓜、生菜、橘子、猕猴桃、香蕉等都是膳食纤维和维生素的理想来源。两道菜搭配，能为宝宝提供生长发育所需的丰富的营养素。

换着花样吃 ❦

有的宝宝不喜欢吃荠菜，你可以换成大白菜、小油菜或韭菜等。做蔬菜沙拉时，还可以加入宝宝喜欢吃的其他水果或蔬菜，如草莓、苹果、紫甘蓝、黄瓜等。

红枣奶香 面包片

奶香夹杂着甜糯的红枣肉，定会让宝宝胃口大开。

材料 高筋面粉250克，酵母5克，鸡蛋2个，牛奶150毫升，去核红枣100克。

调料 白砂糖30克，盐3克，黄油25克。

开始做饭喽！

1. 按照"牛奶→鸡蛋（1个）→高筋面粉→白砂糖→盐→酵母"的顺序把材料放进面包桶里并搅匀。

2. 盖上盖，打开面包机的电源，选择"和面"程序。大部分面包机和面程序是20分钟。

3. 20分钟后再进行一次"和面"程序，把软化好的黄油切成小块放进去，第三次选择"和面"程序。

4 三次"和面"程序完成，取出面包桶，用保鲜膜把桶封起来（面包留在桶里），常温发酵1~2小时（这是基础发酵，夏天气温高，基础发酵1小时就够了，其他季节把时间延长1小时左右），然后把桶放回面包机里，选择"发酵"程序。大多数面包机的发酵时间是40分钟。

5 在案板上薄薄撒一层面粉，取出发酵好的面团，用双手来回搓成长条形，然后分成每个重约75克的剂子，接着把剂子揉圆。

6 把揉好的剂子放在案板上，用保鲜膜盖好，醒10分钟，然后用擀面杖平压排去面团中的气泡，接着擀成牛舌状，放上枣肉，从两头往中间收，收口处在中间捏紧，再用双手搓两端，做成两端略尖中间饱满的橄榄形。

7 把整形完成的面包坯放进面包机里最后发酵一次（40分钟左右），然后用刷子在面包坯表面轻轻涂一层蛋奶液（鸡蛋液和牛奶按照1：1的比例混合，大概是1个鸡蛋对应50毫升牛奶。刷蛋奶液能让面包表面呈现金黄的色泽，更加诱人），最后选择面包机的"烘烤"功能（时间35分钟左右），待面包机结束工作即可。

🍲 鲜牛奶

材料 鲜牛奶1杯。

把鲜牛奶倒入杯子里，然后放进微波炉，用中火加热3~4分钟。也可以直接倒进锅里，用小火慢慢加热。

午餐

烤鸡肉粒彩蔬
+
南瓜饭
+
白萝卜鱼丸汤

营养师
笔记

　　给孩子吃肉吧，怕他吃多了积食，或者变成"小胖墩"；不给他吃吧，又怕营养跟不上。其实两者并不矛盾，给孩子吃脂肪含量少的瘦肉，或者好消化的鸡肉，再往里面加点儿富含膳食纤维的蔬菜、水果，这样不就可以了？我给小外甥做了烤鸡肉粒彩蔬，五颜六色的蔬菜配上鸡胸肉，好看又好吃，还好消化。试试吧，相信只要你用心了，鱼和熊掌也是可以兼得的！

烤鸡肉粒彩蔬

材料

鸡胸肉 120 克
牛油果 1/2 个
生菜 6 片
紫甘蓝 6 片
圣女果 6 个
红腰豆 50 克
玉米粒 50 克
新奇士柠檬 1 个

这是3人的分量。
一家三口一起吃饭，
幸福得冒泡泡哦！

调料

橄榄油 15 毫升
胡椒粉适量
蜂蜜适量
沙拉酱适量
盐适量

开始做饭喽！

1　将柠檬竖直切成四份，把柠檬皮和柠檬果肉分开。柠檬果肉榨汁，分成等量的 2 份；柠檬皮表面用盐揉搓 10~15 秒钟，冲洗净，擦成细丝。

2　把鸡胸肉用刀背捶松，加入盐、胡椒粉 和 1 份柠檬汁，腌制 10 分钟，再倒入少许橄榄油来回揉捏，让鸡胸肉变得更柔软。

3　把腌制好的鸡肉放在烤盘里，撒上一半柠檬皮丝，放进烤箱里，用 180℃烤 15 分钟左右。

烤前

烤后

4　将生菜、紫甘蓝均洗净，切成丝；牛油果去皮，切薄片；红腰豆、玉米粒均放入开水锅中余熟；圣女果洗净，一切两半。以上食材和剩余的柠檬皮丝一起放入沙拉碗里。

5　**调配沙拉汁：**将剩余的柠檬汁加入 10 毫升左右的橄榄油和适量蜂蜜调匀，制成沙拉汁。

6　鸡肉烤好之后取出切成小块，放入沙拉碗里，再倒入沙拉汁拌匀就可以了。

南瓜饭

材料 南瓜 200 克，大米 250 克，红葱头适量（一种提香的食材，形状跟大蒜差不多，只是表面是紫红色的）。

调料 生抽、胡椒粉、盐、油各少许。

开始做饭喽！

1 南瓜去皮、瓤，清洗干净，切成小丁；大米淘洗干净，和南瓜丁一起放入锅里，加入适量水和少许盐（目的是逼出南瓜的甜味，跟吃菠萝时撒少许盐同理），然后盖上盖，按下"煮饭"键煮饭。

2 南瓜饭煮好之后盛到碗里，加入少许生抽和胡椒粉拌匀。

3 红葱头去皮，用清水冲一下，切碎。锅中加少许油，趁油还没热时下葱头碎，用小火慢慢炒至红葱头出香味，然后浇在南瓜饭上拌匀就可以了。

白萝卜鱼丸汤

材料 白萝卜150克，鱼丸100克，胡萝卜1/2根，芹菜叶少许。

调料 盐、白胡椒粉各3克，芝麻油5克，高汤1大碗。

开始做饭喽！

1 白萝卜、胡萝卜分别洗净，去皮，切成同鱼丸差不多大小的块；芹菜叶清洗干净，切碎。

2 锅里倒入高汤烧开，放入白萝卜块、胡萝卜块、鱼丸，大火煮沸后转小火继续煮至食材熟透（熟透的白萝卜块呈半透明的样子），加入盐、白胡椒粉、芹菜叶末、芝麻油搅匀即成。

营养细细看 ☺

3~6岁是宝宝发育的高峰期，需要蛋白质、碳水化合物、膳食纤维、钙、铁、维生素C、维生素E等营养物质的支持，本套餐基本上可以满足这些营养需求。例如南瓜饭是碳水化合物的主要来源，也是膳食纤维、维生素C、维生素E等的理想"供应商"，而烤鸡肉粒彩蔬汇集了富含蛋白质的鸡胸肉、富含不饱和脂肪酸的牛油果，还有富含维生素、膳食纤维的蔬菜和杂粮。值得一提的是，白萝卜鱼丸汤含有不少蛋白质，还能帮助宝宝打开胃口，让宝宝吃啥都香。

换着花样吃 🍒

如果宝宝不喜欢吃甜咸口味的南瓜饭，也可以不放盐，直接用南瓜和大米煮成饭，清清甜甜的口感能给宝宝留下很深的印象呢。

意式通心粉

通心粉爽滑筋道，相信我，宝宝肯定会朝你竖大拇指！

材料 通心粉 200 克，肉末、洋葱、西红柿各 50 克。

通心粉煮好了之后，体积会膨胀好多倍，注意控制制作量。

调料 油少许，番茄酱 20~30 克，盐、胡椒粉、鸡精、料酒各适量。

开始做饭喽！

1 通心粉提前 2~3 小时用清水浸泡。锅里加入适量水，中火烧开，然后放入通心粉和 1 小勺盐（加盐能让通心粉煮熟后更筋道），煮 10 分钟左右，等通心粉变得比较白就说明煮熟了，用滤网勺捞出，放在装有

凉开水的大碗里过凉，沥干水，备用。

2 洋葱、西红柿分别洗净，切成小丁。

3 炒锅放于火上，加入少许油，用小火加热到微微冒烟，然后放入肉末，倒入少许料酒，快速地用铲子把肉末炒散，接着加入洋葱丁、西红柿丁，用中火把洋葱丁炒出香味，再倒入小半碗水煮开。

4 倒入沥干水的通心粉，再倒入番茄酱，加入适量的盐、鸡精、胡椒粉煮到水基本收干就可以了。

苹果甘蓝沙拉

苹果、紫甘蓝、卷心菜，很简单的食材，但用心就能做出不一样的口感哦！

材料 苹果1个，紫甘蓝、卷心菜各3~4片，火腿50克。

调料 沙拉酱适量，柠檬汁少许。

开始做饭喽！

1 苹果去皮，切成小丁；火腿切成小丁；紫甘蓝、卷心菜均洗净，切成丝。

2 把苹果丁、紫甘蓝丝、卷心菜丝一起放入沙拉碗里，加入沙拉酱和柠檬汁拌匀就可以了。

营养细细看

很有西餐感觉的一套晚餐！通心粉为宝宝提供蛋白质和碳水化合物；苹果甘蓝沙拉富含维生素C、维生素E、B族维生素和膳食纤维，特别是紫甘蓝含有丰富的硫元素，这种元素的主要作用是杀虫止痒，能帮助宝宝预防痱子、湿疹、皮肤瘙痒等不适，是维持宝宝皮肤健康的好帮手。

换着花样吃

可以把通心粉换成意大利面，也很筋道很美味呢！

做沙拉时，你还可以根据宝宝的喜好，加入香蕉、菠萝、芦笋等果蔬，也可以把虾仁汆熟后一起搅拌，口感和营养更棒！

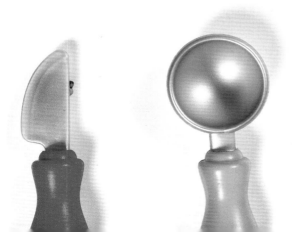

早餐 可爱薯泥猪包子
＋三文鱼肉蔬菜汤

可爱薯泥猪包子

萌萌的"小猪"，让宝
宝第一眼就喜欢上它！

材料 中筋面粉 240 克，干酵母
2 克，牛奶 100 毫升，可
可粉 40 克，红薯泥 120 克。

调料 白糖 15 克，草莓酱少许。

开始做饭喽！

1 按照"牛奶→白糖→中筋
面粉（200 克）→干酵母"
的顺序将材料放进面包机
里，选择 2~3 次"和面"程序，
和面结束后取下一小块面
团，撑开时能呈现透明膜状，
就说明面团和好了。

2 接着，选择"发酵"程序，
一般发酵 45 分钟左右，然
后取出面团放在案板上，
来回搓成粗细均匀的长条，
用刀切成每份 45 克左右的
小剂子，揉圆后盖上保鲜
膜醒 5 分钟。

3 把小剂子压扁，往剂子中间放 20 克左右红薯泥，对折收口，然后放入小猪脸形状的模具中（各类模具网上均可买到）。

4 把可可粉、草莓酱混合均匀，涂抹在小猪的耳朵和鼻子处。

5 随后把处理好的小猪包子醒 30 分钟 ~ 1 小时，然后冷水上蒸锅，用中火蒸 20 分钟左右就可以了。

三文鱼肉蔬菜汤

喝一口汤,浓郁的奶香里是悠长的鱼味。

这是 3 个人的分量哦。

材料 三文鱼 200 克，鳕鱼 100 克，小土豆 1 个，胡萝卜 1/2 根，柠檬 1/2 个。

调料 黄油 50 克，淡奶油 10~15 克，盐、白胡椒粉各适量。

开始做饭喽！

1 三文鱼、鳕鱼分别用清水冲一下，均切成 2 厘米左右的方块；土豆洗净，去皮，切成薄片；胡萝卜洗净，用擦丝器擦成细丝。

2 锅里放入 2 大碗水，放入胡萝卜丝、土豆片，煮 2 分钟左右，等土豆片变软后，用勺子压碎，然后放入淡奶油、黄油再煮 5 分钟。

3 加入鱼块再煮 2 分钟左右，然后根据宝宝的口味，加入适量的盐、白胡椒粉、柠檬汁调味就可以了（挤柠檬汁很简单，就是拇指和食指分别压住柠檬的两边，稍微用力挤压，柠檬汁就滴下来了）。

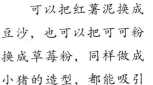

胡萝卜鸡蓉豆腐羹
+
椒盐干煎带鱼
+
紫米饭

营养师
笔记

宝宝换牙时，一笑就是一个黑乎乎的小洞，是不是很有喜感？别笑话宝宝，他换牙时你得多花些心思。考虑牙齿松动情况来安排三餐，这可是个技术活儿。我建议给宝宝吃胡萝卜鸡蓉豆腐羹，松松软软中有点儿嚼头，鸡肉里的蛋白质配合豆腐里的钙，再加上胡萝卜里的维生素，能让宝宝吸收到不少营养呢，对他换牙、坚固牙齿都有帮助。

胡萝卜鸡蓉豆腐羹

材料

鸡胸肉 100 克
盒装内酯豆腐 200 克
胡萝卜 80 克
葱适量

调料

盐 4 克
生抽 15 毫升
淀粉适量
芝麻油少许

挤丸子时关火，可以让所有的丸子同时煮熟。

开始做饭喽！

1　胡萝卜洗净，用擦丝器擦成丝，冷水上蒸锅蒸熟，然后用勺子压成泥；葱洗净，切段。

2　用刀划开豆腐的盒子，把豆腐倒扣在案板上，用刀横片成上下 2 块，然后切成小块。

3　鸡胸肉先切成薄薄的片，再剁成泥，盛在碗里，加入盐、生抽和淀粉，用筷子顺着一个方向搅打均匀，直到肉末成黏糊的泥状。

4　锅里加入两大碗水和葱段，中火煮沸后继续煮 5 分钟，然后捞起葱段，关火，开始往锅里挤丸子。**挤丸子的方法**：一只手抓住一把鸡肉泥，虎口朝上，握拳轻轻挤压，肉丸子就会从拳眼里出来了，另外一只手拿一个勺子，铲起肉丸子的底部，圆圆的肉丸子就做成了。等丸子全部下锅后放入豆腐块，开火将丸子煮熟，淋入芝麻油调味即可。

紫米饭

材料 大米 100 克，紫米 50 克。

调料 盐、芝麻油各少许。

开始做饭喽！

紫米浸泡 3~4 小时，然后与大米一起淘洗干净，放入电饭锅里，加入适量水（用食指量一下，锅中水没过米约 1 个半食指关节就可以了），加入少许盐拌匀，再滴入几滴芝麻油，盖上盖，按下"煮饭"键煮饭。等"煮饭"键弹起后闷 30 分钟再开盖，紫米饭更加绵软可口。

椒盐干煎带鱼

材料 带鱼 2 条。

调料 植物油、盐、淀粉各适量，花椒 30 粒，胡椒粉、花椒粉各 5 克，料酒 15 毫升。

开始做饭喽！

1. **清理带鱼**：逆着鱼鳍的方向，剪掉带鱼身上的鱼鳍，接着剪去头尾，再在带鱼的腹部剪开一个口子，去掉内脏，冲洗干净，剪成 5~6 厘米长的段。

2. 带鱼放在盆里，加入适量盐、花椒、料酒拌匀，腌制 1 小时。

3. 把淀粉和胡椒粉、花椒粉拌匀，放入腌制好的带鱼，使每块带鱼表面都均匀地裹上淀粉料。

4. 平底锅放在灶上，加入适量油，小火加热到微微冒烟，然后下带鱼块，用小火煎至两面金黄，香喷喷的椒盐干煎带鱼就做成啦。

营养细细看 ☺

说到这个套餐，当然要重点介绍紫米饭了。紫米中的维生素和矿物质含量是白米饭的 3 倍左右，尤其是铁的含量很高，有"补血米"之称，它能帮助宝宝补充铁、锌、钾等矿物质，预防和改善贫血。紫米还含有大量的纤维素，能滋养脾胃、清理肠道。紫米有这么多好处，经常做给宝宝吃吧！

换着花样吃 🍒

如果宝宝不喜欢吃带鱼，可以换黄花鱼，也可以换鲈鱼，味道都很不错的哦。

做胡萝卜鸡蓉豆腐羹时，如果觉得搅打肉末、挤肉丸子麻烦，可以直接把肉末和豆腐一起炖，也很美味。

43

晚餐 青酱虾仁拌面 + 彩椒黄瓜沙拉

青酱虾仁拌面

筋道的面条入口，满是芳香，肯定能让宝宝"爱不释口"！

材料 虾仁100克，意大利面200克，新鲜罗勒叶60克，松仁30克，蒜2瓣。

松仁可买现成的，超市一般都有卖。

调料 橄榄油、盐各适量，芝士粉、黑胡椒碎、植物油各少许，料酒5毫升。

开始做饭喽！

1 松仁均匀地撒在烤盘上，放入烤箱，设定150℃，烤6分钟；蒜剥去外皮；虾仁加盐、料酒拌匀，腌制10~15分钟。

2 新鲜的罗勒叶用清水冲洗干净表面，放入料理杯里，然后依次放入少量橄榄油、

松仁、盐、黑胡椒碎、蒜瓣和芝士粉，启动机器搅打成糊状的青酱。

3　锅里加入适量水烧开，再加入少许橄榄油、盐，下意面煮 8~15 分钟，然后捞出，迅速过凉水，以防面条变得太软，口感不好。

4　锅里加入少许油，用中火加热至微微冒烟，放入虾仁翻炒，等虾仁变颜色了，放入煮好的意面和青酱搅拌均匀，就可以装盘了。

彩椒黄瓜沙拉

红黄绿三种颜色，很经典的搭配，能让餐桌活色生香。

材料　红甜椒、黄甜椒、小黄瓜各 50 克，苦菊少许。

调料　沙拉酱 30 克，柠檬汁 15 毫升，盐少许。

开始做饭喽！

1　把沙拉酱、柠檬汁、盐拌匀成沙拉酱料。

2　红甜椒、黄甜椒均去掉蒂、籽，清洗干净，切成小片；小黄瓜洗净，切薄片；苦菊去掉根，洗干净，切段。上述食材全部放在沙拉碗里，加入沙拉酱料拌匀就可以了。

营养细细看 ☺

今晚的套餐里，青酱虾仁拌面能为宝宝提供碳水化合物、蛋白质、钙、不饱和脂肪酸等多种营养，彩椒黄瓜沙拉则是膳食纤维、维生素C、维生素E、B 族维生素等营养素的供应者。值得一提的是，这个套餐里用到的佐料——罗勒叶和柠檬汁，可行气消食保护宝宝的肠胃。

换着花样吃 🍒

意大利面可以换成通心粉或者好看的蝴蝶面，更能讨宝宝的欢心哦！还有，做沙拉之前，可以征求宝宝意见，看他有没有想加入的蔬菜水果。一起参与做饭，会让他对吃饭更感兴趣的！

早餐 蛋汁煎馄饨 + 山药花生小米粥

蛋汁煎馄饨

黄澄澄的煎馄饨，就像
笑着的向日葵，让宝宝一天
都神采奕奕。

材料 | 猪肉馅 150 克，馄饨皮、
熟黑芝麻各适量，葱 1 根，
姜 5 片，鸡蛋 1 个，蒜 3 瓣。

调料 | 胡椒粉、蚝油各 10 克，盐
5 克，油、酱油、醋各适量。

开始做饭喽！

1　葱、姜均洗干净，剁成末；
猪肉馅加葱末、姜末、胡
椒粉、盐、蚝油和 5 克油，
顺着一个方向搅拌上劲（肉
馅呈黏稠的糊状即为"上
劲"）；鸡蛋磕入碗中，
搅散。

2　取一张馄饨皮，在左手上
摊开，右手拿勺子或筷子
取拇指头大小的馅儿放在
馄饨皮上，然后对折捏严，
两面下弯捏在一起，一个

馄饨就做好了。按照同样的方法包好其余馄饨。

3　用刷子在平底锅上刷一层油，摆入小馄饨，用小火煎，煎的时候勤翻动，大约 5 分钟，小馄饨就会变得外皮微焦了。

4　把鸡蛋液均匀地淋在馄饨间的缝隙里，等蛋液煎熟时撒上熟黑芝麻就可以了。

5　调配酱油醋汁：酱油和醋按照 1：2 的比例混合均匀。蒜去皮，用压蒜器压成蒜泥，放入酱油醋汁里拌匀。吃馄饨的时候淋于其上即可。如果宝宝喜欢其他口味，可以按照他的要求调配蘸料。

山药花生小米粥

这么软糯适口好吃的粥，让宝宝如何不爱？

材料　大米、小米各 50 克，山药 100 克，花生仁 40 克。

调料　盐或糖少许。

开始做饭喽！

1　先洗去山药外皮的泥，然后戴上一次性手套，用削皮刀削去山药的外皮，再用清水冲洗一下山药，将其切成约 2 厘米长的小块。

2　大米、小米均淘洗干净，花生仁洗净，和山药块一起放入高压锅里，倒入适量水（米和水的比例至少是 1：5），选择"煮粥"程序，高压锅就开始工作了，待高压锅把粥煮熟，凉至能自然打开锅盖，根据宝宝的口味加入糖或盐调味即可。

营养细细看 ☺

在这个套餐里，大米、小米搭配煮粥算是一道美丽的"风景线"：小米富含营养素，每 100 克小米里含蛋白质 9.7 克，比大米中的蛋白质含量高；一般粮食中不含的胡萝卜素，小米每 100 克含量达 0.12 毫克，还有维生素 B_1 的含量位居所有谷类食物之首。不过小米蛋白质的氨基酸组成并不理想，赖氨酸过低而亮氨酸又过高，与大米搭配一起煮粥，正好互补，使粥的营养更加均衡。

换着花样吃 🍒

可以用饺子皮包上馅儿，然后放平底锅里煎，焦黄的煎饺配上双色的粥，十分美味。

47

胡萝卜杂粮饭
+
青豆炒虾仁
+
胡萝卜番茄汁

营养师
笔记

　　总吃大米饭也会腻，怎么办？作为杂粮的忠实粉丝，我自然而然想到了杂粮饭。有的家长可能觉得杂粮饭不好消化，其实把它做得软一些，吃起来口感也不错，它含有的膳食纤维还能增强宝宝的消化能力呢。在做杂粮饭的时候，我还往里面加了点儿胡萝卜、虾仁，手巧的妈妈再切几朵小花形状的胡萝卜片，特别好看。如果宝宝不想吃大米饭或抗议啃馒头了，试试杂粮饭，会有不一样的收获哦。

胡萝卜杂粮饭

材料

薏米 50 克
紫米 50 克
大米 50 克
荞麦 10 克
鸡蛋 2 个
虾仁 30~50 克
胡萝卜小半根

调料

盐 5 克
生抽 5 克
白胡椒粉少许
料酒少许
淀粉少许
油少许

开始做饭喽！

1　**头天晚上煮好米饭**：薏米、紫米、大米、荞麦均淘洗干净，一起放入高压锅里，加入适量水（米和水的比例是 1：1.5），选择"煮饭"程序，米饭煮好后放凉，放冰箱里冷藏。

2　取一个小碗，将鸡蛋磕成两半，然后一手拿着空蛋壳挡住另一边盛有鸡蛋的蛋壳，缓慢倾倒蛋液，把蛋清滤到小碗里，蛋黄用另外一个小碗装好。

3　虾仁放入碗里，加入蛋清以及料酒、淀粉抓匀，腌制 15 分钟。胡萝卜洗净，切成 2 厘米见方的小丁。

4　锅里放入少许油，用中火加热至微微冒烟，然后下虾仁、胡萝卜丁滑炒到虾仁变色，盛出备用。

5　剩下的 1 个鸡蛋磕入盛有蛋黄的碗里，加 2 勺水和少许淀粉，搅散。

6　锅中放入少许油，加热 3~5 秒钟，下鸡蛋液，等鸡蛋液稍微成形后用筷子顺时针搅散，然后下虾仁胡萝卜丁翻炒，再放杂粮饭不断翻炒，直到水分蒸发、米粒分开，加盐、白胡椒粉、生抽调味就可以了。

青豆炒虾仁

材料 虾仁250克,鲜青豆150克,青甜椒、红甜椒各50克,葱5克。

调料 盐2克,鸡粉1克,水淀粉、料酒各10克,油适量,黑椒汁10~15克。

开始做饭喽!

1 虾仁洗净,加料酒和黑椒汁拌匀,腌15分钟。

2 鲜青豆冲净;青甜椒、红甜椒分别去蒂、籽洗净,切成菱形块;葱洗净,切碎。

3 炒锅加入适量油加热,下葱碎炒香,倒入青豆翻炒1分钟左右,再加少许水焖一会儿。

4 放入红甜椒块、青甜椒块和虾仁,继续翻炒到虾仁变色,加入料酒、盐、鸡粉调味,用水淀粉勾芡,翻匀就可以了。

胡萝卜番茄汁

材料 胡萝卜1/2根,番茄1个,柠檬1~2片。

调料 天然蜂蜜适量。

开始做饭喽!

1 胡萝卜洗净,切成小块;番茄洗净,去皮,切块。

❀ 番茄用开水烫一遍,再过一次冷水,皮就能很轻松地剥下来了。

2 胡萝卜块、番茄块一起放入榨汁机中,加入适量凉开水榨汁。水量的多少根据宝宝的喜好来,想喝稠一些的少加水,想喝稀一些的就多加水。

3 往蔬菜汁里挤入柠檬汁,再加少许蜂蜜调味即可。

营养细细看 ☺

这个套餐出现得最多的食材是胡萝卜,虽然它是生活中再常见不过的食物了,但它却有大功效——所含有的胡萝卜素在人体内可以转换成维生素A,而维生素A是视力健康必不可少的物质;含有的膳食纤维能帮助宝宝预防便秘。还有一个"秘密",胡萝卜里的维生素还能帮助宝宝吸收虾仁里的钙、番茄里的铁呢。

换着花样吃 ❀

可以用牛肉代替虾仁,能给宝宝补铁哦!如果宝宝不爱吃胡萝卜,不要紧,可以换成地瓜、山药或南瓜等食物,只要是宝宝喜欢的,你都可以尝试。

晚餐 芦笋鸡肉香粥 + 菠菜玉子烧

芦笋鸡肉香粥

清香脆嫩，润滑鲜美，只一口，就让你领略到别样的风味。

材料　芦笋、鸡胸肉各50克，大米100克。

调料　鸡油、盐各3克。

开始做饭喽！

1　芦笋去掉老根和上面的叶子，斜切成薄片。（很多人处理芦笋时为了图省事一刀切，但实际上并不能把所有老根去掉，还有可能切掉一部分嫩的根。我习惯一根一根地掰，只要是嫩的芦笋，就很容易掰断。）

2　鸡胸肉放在冰箱里冷冻20~30分钟，拿出来，切成薄片。

3　大米淘洗干净，放入锅里，倒入适量水（米和水的比例在1∶10左右），大火

煮沸后转小火熬至米粒开花。中间要不断搅拌，以防煳锅。

4　加入鸡胸肉，用筷子搅开，使鸡肉被快速烫熟，再下芦笋片煮1分钟左右，加盐和鸡油调味即可。

菠菜玉子烧

层层叠叠的青翠与橙黄色，会让宝宝非常好奇，食欲大开。

材料　鸡蛋3个，菠菜100克。

调料　盐、油各适量。

开始做饭喽！

1　菠菜连根洗干净（菠菜中泥沙往往比较多，建议用淡盐水浸泡5~10分钟，这样泥沙就会沉到水底，多冲洗几次就干净了），用开水焯一下，切段，然后放入搅拌机里打成泥。

2　鸡蛋磕入碗里，打散，加入菠菜泥、少许盐搅拌均匀。

3　平底锅放在火上，倒入少许油，加热，慢慢倒入蛋液，一手迅速拿起平底锅转动，使蛋液摊开。

4　等蛋液略微凝固后，将蛋饼从中间对折，给锅里留出一半的空间，接着再加少许油，倒一些蛋液在空出的空间里，等蛋液略微凝固后对折到之前的蛋饼上，接着翻面，在留出的空间里倒入蛋液，等蛋液略微凝固后再对折到翻面后的蛋饼上，如此重复3~4次，直到将蛋饼卷到需要的厚度，然后反复翻面煎到两面焦黄，取出切成块就可以了。

营养细细看 ☺

在这个套餐里，最靓的无疑是翠绿的芦笋，它含有丰富的芦丁、维生素C、膳食纤维和硒等营养物质，对宝宝的健康发育非常有帮助。中医认为，芦笋性凉，味甘、苦，有润肺镇咳的功效。秋季天气干燥，本就是"纯阳之体"的宝宝容易出现燥咳，适当吃芦笋对缓解症状有益哦。

换着花样吃 🍒

可以把菠菜换成芹菜，去掉芹菜的根和老叶，切段后按照同样的方法煎，可以让不爱吃芹菜的宝宝爱上芹菜呢！

早餐 馒头三明治 + 核桃糙米粥

馒头三明治

馒头也可以做西餐？你没看错，焦黄中夹着粉红和翠绿，很吸人眼球哦！

材料 馒头 1/2 个，鸡蛋 2 个，午餐肉 50 克，生菜 3~4 片。

调料 盐、油各适量。

开始做饭喽！

1 馒头提前一天晚上放在冰箱里冷藏（注意，是冷藏，不是冷冻），冷藏时不加任何包装，第二天拿出时馒头有些硬，很好切，不容易掉末。次日早上把馒头切成厚 1 厘米左右的片。

2 午餐肉切成薄片；生菜洗干净，撕成小片；鸡蛋放在碗里，打散，加入适量盐拌匀。

3 锅里加入少许油，略加热，然后把馒头片放入鸡蛋液里，使其两面均匀地裹上

蛋液，再放入平底锅里煎，当一面微微成形就翻面，反复翻面将馒头片煎至两面金黄，夹起来放盘里。用同样的方法把剩下的馒头片都煎好。

4 取一片煎好的馒头片，上面放上午餐肉片和生菜片，再盖上一片馒头片，馒头三明治就做成啦。

核桃糙米粥

喝一口粥，都是温暖。这样的早餐，会令人沉迷其中忘了时间呢!

材料 红豆 30 克，糙米、大米各 50 克，核桃 3~5 个，红枣 3 颗。

调料 红糖适量。

开始做饭喽!

1 红豆、糙米、大米、红枣一起淘洗干净，然后放入高压锅里，加入适量水（材料和水的比例为 1：10~12），浸泡 1 小时左右，然后选择"煮粥"程序，高压锅就开始工作了。

也可以头天晚上提前浸泡。如果气温高，可以放在冰箱里冷藏，就不用怕水变味了。

2 核桃夹开外壳，取核桃仁，然后放入保鲜袋里，用擀面杖碾碎。如果家里有压蒜器，也可以掰成小块后放进压蒜器里压碎。

3 等粥煮好，能自然打开高压锅的盖之后，在粥里加入适量红糖搅匀，撒核桃碎就可以了。

营养细细看 ☺

宝宝的早餐，必须满足的一个硬性标准就是能提供丰富的碳水化合物，这个套餐中，馒头片和粥的主材料都是谷类食物，是碳水化合物的主要来源。这个套餐的妙处在于合适的搭配，鸡蛋和午餐肉能提供蛋白质和矿物质，红豆、糙米富含膳食纤维，生菜是维生素一族的"代表"，它们让这个套餐的营养变得更加"丰满"。

换着花样吃 ❀

可以把三明治里夹的东西换成鸡肉片、苹果片，也可以用"牛肉片 + 生菜 + 黄瓜"的搭配，营养也很丰富。

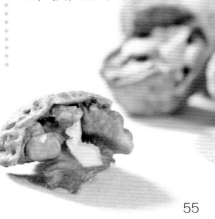

意大利肉酱面
+
蚝油西蓝花苹果树
+
牛奶蘑菇汤

营养师
笔记

小外甥很喜欢吃我做的意大利面，酸酸甜甜的西红柿汁，夹杂着黑胡椒的香味，还有黄油和罗勒的丰富口感，总是让他胃口大开。用他的话来说，即使在家吃也有西餐厅的感觉。吃惯了中餐，偶尔换换口味，宝宝肯定会喜欢的。另外，哪天宝宝跟着爷爷奶奶出去玩的时候，也不妨给爱人做一做这套简餐，配上鲜花和烛光，生活也变得有情调了呢。

意大利
肉酱面

材料

意大利面 100 克
猪肉末 80 克
洋葱 50 克
西红柿 1/2 个
蒜适量
新鲜罗勒叶 5~10 克

调料

色拉油、
橄榄油各少许
番茄酱 20 克
黑胡椒粉 5 克
白糖 5 克
盐适量

开始做饭喽！

1　洋葱、西红柿分别洗净，切成小丁；蒜去皮，用压蒜器压成蒜末；罗勒叶用水冲净。

2　炒锅放在火上，加入少许色拉油，小火略加热，放入蒜末炒香（要炒到蒜末呈金黄色），然后放入洋葱碎，用中火炒到呈透明状，放进肉末翻炒至变色，倒入番茄酱、西红柿丁翻炒 2 分钟左右，加入一点儿白糖、少许水，大火收汁，加盐调味，撒黑胡椒粉炒匀，酱汁就做成了。

3　煮意大利面：锅里加入适量水烧开，加入少许橄榄油、盐，下意面煮到面条没有硬心，捞出迅速过凉，倒点儿橄榄油拌匀。

4　把面放盘里，倒入酱汁和罗勒叶拌匀即成。

蚝油西蓝花苹果树

材料 西蓝花 200 克，樱桃萝卜 100 克，紫菜 1 小把。

调料 盐、蚝油各适量。

开始做饭喽！

1. 西蓝花用淡盐水浸泡 30 分钟，然后掰成小朵，冲洗干净，放进开水中焯一分钟左右，捞起过凉。

2. 樱桃萝卜去掉萝卜缨，洗净，对半切开，和西蓝花一起放入碗里，加适量盐、蚝油拌匀，腌 2~3 分钟。

3. 紫菜泡发，沥干后加入蚝油拌匀，放进盘里，摆成树干形状，接着把西蓝花摆在"树干"上做叶子，在"叶子"中间放上樱桃萝卜做"苹果"。

牛奶蘑菇汤

材料 口蘑 100 克，牛奶 1 袋（250 毫升左右），面粉少许。

调料 盐、黄油各少许。

开始做饭喽！

1. 口蘑洗干净，一切为四。

2. 口蘑和牛奶一同放入料理机中，打成蘑菇汁。另起一锅，加入少许黄油加热至化开，然后放面粉炒香，倒入蘑菇汁，大火烧沸，转小火煮 5 分钟。

3. 把蘑菇汤盛到碗里，加入适量盐调味，注意盐不要放太多，略有咸味即可。

营养细细看 ☺

在宝宝的餐桌上，千万不要少了西蓝花哦。西蓝花中的营养物质不仅含量高，而且品种全面，据研究发现，每 100 克新鲜的西蓝花含蛋白质 3.6 克，是菜花的 3 倍、西红柿的 4 倍，维生素 A 含量比白菜高 100 多倍，钙、磷、铁、钾、锌、锰等矿物质的含量在蔬菜里均排在前列。让宝宝多吃西蓝花，好处多多呢！

换着花样吃 ❀

有的宝宝可能不喜欢西蓝花的味道，没关系，可以先用菜花搭配西蓝花，菜花多一些，等宝宝接受之后，慢慢增加西蓝花的量、减少菜花的量，宝宝会逐渐爱上西蓝花的。樱桃萝卜可以换成圣女果，红红艳艳的，也很受小朋友的欢迎。

晚餐 奶香窝窝头 + 时蔬海鲜汤

奶香窝窝头

跟包子、馒头很不一样
哦，看起来就很好吃的样子。

材料 牛奶 1 袋（250 毫升），
玉米面 300 克，黄豆面
100 克，面粉少许。

调料 白糖适量。

开始做饭喽！

1 玉米面、黄豆面过筛，放
入盆中，然后加入糖拌匀，
再倒入牛奶搅拌成面絮状，
接着揉成面团。玉米面和
黄豆面不容易成团，所以一
边揉面团一边加少许面粉，
能快点儿使面成团。

2 把面团搓成条状，切成差
不多一样大的小剂子，然
后把小剂子搓成小圆球，
再用手指在底部捏个洞，
用手将顶部搓尖、搓圆滑，
窝窝头就做成了。

3 把搓好的窝窝头放进铺有

白色蒸包子布的蒸屉里，中火蒸25分钟，关火后再虚蒸（即关火利用余热蒸）5分钟。

❋ 蒸的时间要足够，不然可能不熟。

🍲 时蔬海鲜汤

这道汤怎么形容呢？就一个字——鲜！

材料 扇贝5~8个，茭瓜100克，火腿50克，姜适量。

茭瓜也叫西葫芦。另提醒一下，这是2人份哟。

调料 盐、油各适量，白糖5克，料酒10毫升。

开始做饭喽！

1 扇贝洗干净，放进锅里，加入适量水和盐，把扇贝煮熟（扇贝熟了后会自动开壳），关火，捞出扇贝，放凉后取肉，去掉扇贝肉周围的裙子边。

2 茭瓜洗净后切薄片；火腿切成小丁。

3 扇贝肉放入碗里，加入料酒、白糖和少许盐腌制10~15分钟；姜洗净，切丝。

4 锅里放少许油烧至微微冒烟，放入姜丝爆锅（我一般是炒个5~6秒钟），然后放入茭瓜片翻炒1分钟左右，再放入扇贝肉炒至变色。

5 倒入适量水，大火烧开，撇去浮沫，然后转小火煮5分钟，最后加盐调味，就可以出锅了。

营养细细看 ☺

宝宝活动了一天，很饿了，几个奶香窝窝头就能给他提供"动力"，让他"满血复活"。还有一碗鲜香的汤，能让他身体、心里都暖暖的。套餐里还含有膳食纤维，能帮助宝宝清理肠道，预防肥胖。

换着花样吃 🍒

嫌窝窝头单调？那就发挥你的想象力，把核桃仁碾碎加进去，或者加一把甜甜的葡萄干，简单的晚餐也能有滋有味。还有，做海鲜汤时，时蔬可以按照个人的口味加减，西红柿、白菜、萝卜或者小油菜都是很好的选择哟。

早餐 豆沙春卷 + 奶香玉米羹

豆沙春卷

黄黄脆脆的春卷配上香喷喷的玉米羹，宝宝看一眼就会忍不住想去尝。

材料 春卷皮 250 克（超市或者菜市场有卖），红豆沙适量。

调料 油、湿淀粉各适量。

开始做饭喽！

1 准备好所有材料。取春卷皮平铺在案板上，一字排开，然后逐个在春卷皮 1/3 处放适量豆沙，从靠近豆沙的一边开始轻轻卷起。

2 把春卷皮全部卷好，然后把两头的春卷皮向中间折，封住两端的开口，再在封口处抹一些湿淀粉粘牢。

3 平底锅里放少许油，加热后放入春卷煎至两面金黄就可以啦。

奶香玉米羹

宝宝早上不想吃饭？不用担心，一道酸酸甜甜的汤定能让他胃口大开。

材料 玉米1根，鸡蛋2个，牛奶200毫升，火腿肠50克。

调料 白糖、水淀粉各适量。

开始做饭喽！

1 玉米用刀切下来（一定要用嫩玉米，做起羹来更甜美）；火腿肠切粒。

2 把玉米粒放进料理机里，倒入牛奶，然后打碎。打碎的程度以宝宝意见为准。

3 鸡蛋磕入碗里，搅打成蛋液。

4 锅里加入小半碗清水煮开，然后倒入打好的牛奶玉米，中火煮沸后转小火煮至黏稠，加入少许清水拌匀，再加入火腿粒烧开，最后加白糖、水淀粉搅拌。

5 当看到锅里的羹变稠后慢慢地淋入鸡蛋液，等鸡蛋液淋完后搅匀即可。

营养细细看 ☺

宝宝的早餐不仅要有足够的碳水化合物作为"动力"，也不能少了膳食纤维，它可是宝宝肠胃的"保健卫士"，能促进消化，预防便秘。而这个套餐里的玉米就是膳食纤维的理想来源之一，经过妈妈的巧手做成玉米羹，香香的，好吃又营养，能让宝宝的健康"步步高"哦。

换着花样吃 🍒

煎春卷麻烦？试试海苔包饭吧，用海苔把炒饭卷起来，做成蛋筒的造型，也能吸引宝宝哦。

香汁鱼排
+
杏鲍菇炒青豆
+
小猪鸡蛋羹

营养师
笔记

我一个月总要做几次三文鱼给小外甥吃，原因很简单——孩子爱吃鱼，而三文鱼没有刺，他能大快朵颐。三文鱼的营养价值很丰富，含有的不饱和脂肪酸对宝宝的大脑发育很好呢。当然，给小外甥做三文鱼，肯定要放点儿蔬菜，我一般配西蓝花和胡萝卜，红配绿很养眼的。小朋友嘛，都喜欢好看的东西。这不，小外甥还嚷着让我多做一份，送给他喜欢的小女生吃。

香汁鱼排

材料

白米饭 1 碗
三文鱼 200 克
洋葱 100 克
蒜 4 瓣
橙味果冻 1 个

调料

生抽 15 毫升
花雕酒 10~15 毫升
白砂糖 10 克
盐适量
高汤 100 毫升

开始做饭喽！

1　**处理所有食材：** 蒜压成蒜末；西蓝花掰成小朵，胡萝卜切丁，放进开水里焯 1 分钟左右，捞出过凉；洋葱洗净，切小块。

2　三文鱼切成 8 毫米左右的厚片，然后放入碗里，加入生抽、花雕酒、白砂糖、蒜蓉拌匀，用保鲜膜封好，腌制 2~3 小时。

3　取出三文鱼，用厨房纸巾把鱼片上的酱汁吸干。

4　平底锅加少许油，小火加热到微微冒烟，下鱼片，用中小火把鱼片煎至两面金黄，盛出备用。

5　锅里加少许油，放入洋葱块、蒜蓉炒出香味，然后倒入腌制鱼片的腌料和高汤，大火烧开，放入果冻煮化，再加入煎好的鱼块，大火焖 2 分钟，即可盛出装盘。

6　最好给宝宝准备一碗米饭，搭配鱼排吃，若宝宝不想吃米饭，可以吃花卷、鸡蛋羹，做蛋羹时要少放盐，把握好口味的轻重。

杏鲍菇炒青豆

材料 杏鲍菇 500 克，嫩青豆 50 克。

调料 植物油少许，盐 5 克。

开始做饭喽！

1 杏鲍菇洗净，切去根，然后斜切成丁；嫩青豆用清水冲洗干净，沥干水备用。

2 锅里放入少许油，小火加热到微微冒烟，放入杏鲍菇丁、嫩青豆，中火炒到杏鲍菇变软，加盐调味就可以了。

小猪鸡蛋羹

材料 鸡蛋 1 个，火腿肠 3 片，紫菜适量。

调料 盐适量。

开始做饭喽！

1 把鸡蛋磕入碗里，加少许盐，用筷子顺着一个方向打散，接着加入适量的温水（蛋液和温水的比例是 1：2），搅拌均匀，然后过一遍细网筛。

2 锅里放入适量水，蒸屉上放入装鸡蛋液的碗，大火烧开后转小火蒸 10 分钟左右，等蛋液凝固就可以关火了。

3 火腿肠按照图样，用刀切出小猪的眼睛和嘴巴的形状，用紫菜剪出小猪的鼻子，放在蛋羹上，可爱的小猪鸡蛋羹就做成啦。

营养细细看 ☺

其他食材就不多说了，这里要着重介绍这个套餐里的主角——三文鱼。三文鱼是日式料理中常用的食材，它含有丰富的不饱和脂肪酸、虾青素等营养物质，这些物质对宝宝的大脑、视网膜以及神经系统发育都有很好的促进作用。

换着花样吃 🍒

如果家里没有橙味果冻也可以不用，用水淀粉加柠檬汁代替就可以了。做鸡蛋羹时不一定要做小猪造型，你也可以尝试用可可粉加水，做成熊猫的造型，也很可爱哦。

晚餐 南瓜百合粥
+ 蒜香橄榄油黑木耳沙拉

南瓜百合粥

宝宝的餐桌也可以如此五彩斑斓!

材料 南瓜 75 克,百合 20 克,大米 200 克。

调料 冰糖适量。

开始做饭喽!

1. 南瓜去皮、瓤,洗净,切成小块;百合去皮洗净,分成瓣,放沸水锅中烫透,捞出沥干水备用。

2. 大米淘洗干净,放入电饭锅里,按照米和水 1:10 的比例加入清水,浸泡 30 分钟,然后放入南瓜块,按下"煮饭"键。

3. 等粥煮开时揭开锅盖,继续煮 20 分钟左右,下入百合、冰糖,再煮 5 分钟左右即可。

蒜香橄榄油黑木耳沙拉

黑木耳的爽脆混合着香椿酱的清香，
是很不一样的体验呢。

材料 干黑木耳20克，圣女果7个，蒜1瓣，黄甜椒1个。

调料 盐4克，生抽5毫升，橄榄油、苹果醋、香椿酱各适量。

香椿酱是一种用香椿嫩叶、芝麻油、盐做成的酱料，我闲来无事时喜欢鼓捣这些东西，做法如下：香椿嫩叶250克，芝麻油100克，盐20克。香椿嫩叶洗干净，沥干水后切碎，然后跟芝麻油、盐一起放入料理机里打成糊状就做成了。把香椿酱放在密封的玻璃瓶里，再倒入一些芝麻油，油高出酱0.5厘米就能隔离空气，放在冰箱里冷藏，可以保存一个月。

开始做饭喽！

1 黑木耳用凉水泡发，去掉根，撕成小片，洗净，放入加了盐的开水锅里煮1~2分钟，捞出迅速放在冰水里过凉，沥干水（这步操作可让黑木耳更爽脆）。

2 圣女果放入淡盐水里浸泡10分钟，用清水冲洗干净，去掉上面的蒂，然后对半切开；蒜去皮，切薄片；黄甜椒去蒂、籽，撕成小块。

3 平底锅放在灶上，加入橄榄油和蒜片，用小火将蒜片爆香，然后滤出油即为蒜香橄榄油，放凉。

4 把黑木耳片、圣女果、黄甜椒一起放入盘里，加生抽、苹果醋和冷却的蒜香橄榄油拌匀就可以了。吃的时候蘸香椿酱。

营养细细看

对于宝宝来说，饭菜不仅要做得好吃，还要营养搭配恰到好处。就拿这个套餐来说，让人充满能量的"动力"碳水化合物和蛋白质（米粥提供）、清除肠胃垃圾的膳食纤维（南瓜、黑木耳提供）、提高免疫力的维生素和番茄红素（百合、圣女果提供）等，应有尽有。

换着花样吃

如果宝宝肠胃不好，可以把大米换成小米。中医里小米和南瓜都属于黄色食物，有健脾养胃的效果，两者搭配功效更佳，而且都黄澄澄的，很养眼哦。

早餐 番茄奶酪乌冬面
+ 菠菜金枪鱼饭团

番茄奶酪
乌冬面

吃一口面，筋道！喝一口汤，浓香！

材料　乌冬面200克，西红柿2个，鱼豆腐1包，煮鸡蛋1个，小洋葱2个，奶酪1片，玉米粒30克，芦笋6根。

调料　番茄酱15克，橄榄油15克。

开始做饭喽！

1　西红柿洗净，切成块，放进料理机里打成糊；洋葱去掉老叶，洗净，切成丝；芦笋去掉老根，切成段。

2　取一个深锅，放在灶上，倒入橄榄油小火烧热，放入番茄糊、番茄酱、洋葱丝，翻炒2分钟。

全程都要小火，而且要勤翻，不然容易煳。

3　加入适量水、奶酪片，大火煮开，再放入乌冬面和鱼豆腐（也可以加小朋友喜欢的丸子哦），中火煮到面条七八分熟（用筷子夹起面条，要用点儿力才能将面条夹断，就说明面条差不多七八分熟了）。

4　放入玉米粒、芦笋段，继续煮到面条熟透，然后关火，把面条、汤以及里面的蔬菜等都盛入碗里。熟鸡蛋剥掉外壳，对半切开，放到面碗里，香喷喷的乌冬面就可以上桌了。

菠菜金枪鱼饭团

小饭团萌萌哒，宝宝肯定喜欢。

材料　白米饭 1 碗（180~200 克），菠菜叶、洋葱、胡萝卜各 20 克，罐装金枪鱼肉 50 克。

调料　油、盐、黑胡椒粉各少许。

开始做饭喽！

1　菠菜叶洗干净，用开水烫软，挤干水；从罐头里取出金枪鱼，放到筛子里，然后往筛子上倒凉开水，把水慢慢沥干，金枪鱼就洗好了。

2　洋葱、胡萝卜洗净，切碎。

3　锅里加少许油烧热，下胡萝卜碎、洋葱碎和金枪鱼，用中火翻炒到洋葱变成半透明状，然后放入菠菜炒几秒钟，关火。

4　往锅里倒入米饭，加适量盐、黑胡椒粉拌匀。

5　戴上一次性手套，把米饭捏成椭圆形，或者用模具做成其他形状，可爱的饭团就做成了。

营养细细看 ☺

很多人都吃过金枪鱼罐头，但却不知道金枪鱼是宝宝成长期的"助力器"——宝宝肌肉、骨骼等的发育离不开蛋白质，而金枪鱼所含有的优质蛋白是其他肉类食物所无法比拟的；铁是宝宝成长发育必不可少的一种元素，而金枪鱼含有丰富的铁和维生素 B_{12}，非常容易被吸收利用；金枪鱼里还含有丰富的 DHA，DHA 被称为"脑黄金"，是宝宝大脑发育、视力发展必不可少的营养素。

换着花样吃 🍒

煮乌冬面时不妨征询一下宝宝的意见，放上他喜欢吃的东西，如墨鱼丸、油菜、牛肉片等。也可以把乌冬面换成手擀面、意大利面或通心粉。是不是觉得自己的厨艺瞬间提升了很多？

午餐 酱肉蔬菜拌饭
+ 味噌豆腐海带鲑鱼汤

酱肉蔬菜拌饭

都是最常见的食物，配在一起居然能这样赏心悦目啊。

材料 热米饭1碗（180克左右），肉丝100克（要买肉质松软的），胡萝卜、洋葱、黄甜椒各50克。

调料 甜面酱30克，芝麻盐（做法见本书p.26）10克，芝麻油适量。

开始做饭喽！

1 炒锅放油烧至六成热，下甜面酱翻炒，炒至酱香味溢出，下肉丝快速翻炒至断生。注意要频繁翻动哟，因为一旦粘锅，肉丝会有苦味儿。

2 胡萝卜、洋葱、黄甜椒分别洗净，切成丝。把这些蔬菜放进加有盐的开水锅中焯1分钟，捞起沥干水，然后加适量芝麻油和芝麻盐拌匀，腌制 3~5 分钟。

3　把酱肉丝、胡萝卜丝、洋葱丝、黄甜椒丝放到热米饭上，浇上酱肉汁就可以上桌让宝宝吃了。

味噌豆腐海带鲑鱼汤

汤汁酱香四溢，豆腐滑嫩，鲑鱼鲜美，让人一吃就停不下来。

材料　鲑鱼 1 片，泡发好的海带 150 克，金针菇 50 克，鸡蛋豆腐（也叫日本豆腐）1 盒，西蓝花 20 克。

调料　味噌、米酒各适量。

这是 2~3 人份哦。

开始做饭喽！

1　鲑鱼用水冲洗后，切成 2~3 厘米见方的小块，然后加米酒拌匀，腌 2~3 分钟去腥。

2　鸡蛋豆腐切小块。我是先将一大块豆腐横着对半切，然后再切成小块。

3　西蓝花洗干净，掰开，下开水锅烫熟；金针菇去掉根部，切成小段。

4　锅里加入适量水，大火煮开后转中火，加入适量味噌搅拌，等味噌溶解后，按照"豆腐→金针菇→鲑鱼→海带"的顺序，每隔 2 分钟放一样食材，等这些食材都放完后关火，放入西蓝花拌匀就可以盛出了。

营养细细看 ☺

套餐里蔬菜、肉和米饭的营养不必多说，我给大家重点介绍一下味噌。味噌是一种用黄豆等粮食发酵后做成的酱，味噌汤就是酱汤，味道浓郁鲜美，有很好的调整肠胃的功能，促进肠道健康。适当让宝宝吃味噌汤，既开胃又助消化。

换着花样吃 🍒

如果不想动火炒，也可以买熟食，买肉时记得向商家要些酱肉汁，这样就省了很多事，而且用来拌饭，味道也不错哦。

做味噌汤时，除了海带与豆腐及味噌之外，你还可以加入豆芽、菌菇、海苔，也可以加入一些海鲜，如蛤蜊、虾等，营养非常丰富又鲜美可口。

周日

晚餐 培根土豆浓汤
＋紫米小鱼干饭团

培根土豆浓汤

宝宝不爱喝牛奶？换个吃法，一口干香浓郁的汤，瞬间抓住他的胃。

材料 大的土豆1个，牛奶2袋（每袋200~250毫升），培根2~3片，西芹20克，洋葱小半块（切碎）。

- - - - - - - - - - - - - - - -
这是2~3人份哦。

调料 黄油10克，盐、黑胡椒粉各适量。

开始做饭喽！

1　土豆去皮，洗净，切成小块；培根切成小块；西芹去叶洗净，切成小粒。

2　锅里放入黄油，小火加热至熔化，然后放入洋葱炒到透明、香味飘出，放入土豆翻炒2分钟，再倒入少许水将土豆煮熟。

3　在煮土豆的同时可以煎培根：把平底锅放在灶上，

不加油，放入培根块，用小火煎至两面金黄，盛出切丁备用。

4 把步骤2煮好的土豆捞起来，和牛奶一起放入搅拌机里打成细腻的糊，然后再倒回锅里，中火煮开，一面煮一面不停搅拌，以免煳锅。等汤煮开后，加适量盐和黑胡椒粉调味，之后盛入小碗里，撒上煎好的培根丁和西芹末就可以开吃喽。

紫米小鱼干饭团

可爱的饭团料理，简直令人不舍得下嘴！

材料 紫米80克，大米50克，小鱼干20克，豆腐皮适量，白芝麻少许。

开始做饭喽！

1 紫米、大米淘洗干净，放进高压锅里，倒入适量水（米和水的比例为1∶2），选择"煮饭"程序，等高压锅程序结束并放气后打开锅盖，盛出米饭凉至温热。

2 豆腐皮用清水反复清洗几遍，放入沸水锅里焯1分钟左右，过凉，沥干水备用。

3 小鱼干用清水泡泡，洗掉一部分腥味和咸味。平底锅加入少许油烧热，放入小鱼干，用小火炒1分钟左右，取出切碎，然后把紫米饭放入小鱼干里拌匀。

4 戴上一次性手套，把紫米鱼干饭捏成饭团（样子参考菜谱的图片，也可以捏成小朋友喜欢的其他形状，还可以用模具，让宝宝自己做造型），放上豆腐皮做装饰，再粘上白芝麻即成。当然，豆腐皮不仅是装饰，它也可以吃的哦。

营养细细看 ☺

在西餐里，最为著名的莫过于土豆浓汤，它奶味浓郁，配以培根的干香，简直是无敌的美味。从中医学角度讲土豆属于黄色食物，而黄色入脾，适当吃土豆可健脾胃。从现代研究和营养学的角度来看，土豆富含淀粉、膳食纤维，能"扫荡"肠胃，除掉身体里的废弃物。可以说，对于宝宝娇嫩的肠胃来说，土豆真的是不可多得的理想食物。

换着花样吃 🍒

可以往土豆浓汤里加一点儿芦笋泥，画出一个笑脸，能让宝宝笑着入梦哦。

做紫米饭团时，你可以用紫菜片把它们卷起来，做成卷筒，也可以把米饭平铺在紫菜片上，再铺小鱼干，加一些生菜丝或玉米粒，卷成寿司。

Part 2

宝宝不爱吃饭？找到原因，"对症下药"！

　　宝宝尽情地享受美食，做个美美的小"吃货"，就是对家长厨艺的点赞。但是，也有"不和谐"的声音——"我不饿，不想吃""我只喜欢吃肉，不要吃蔬菜"……3~6 岁的宝宝已经能像成人一样吃饭了，但这个阶段宝宝自我意识增强却又意志不坚定，对食物有了自己的喜好，又容易被洋快餐、零食、碳酸饮料等"诱惑"，变得不爱吃饭，挑食、偏食。对这种情况，家长的当务之急就是找出原因，见招拆招，让宝宝觉得吃饭是一件快乐的事儿，变被动吃饭为主动吃饭，开开心心地享受美食。

你家也有不爱吃饭的"熊孩子"吗？

1. 在 1~2 个月内，每次吃饭，宝宝只吃自己喜欢吃的几种食物，饮食比较单调。

2. 对于喜欢吃的食物，宝宝经常吃得很撑，例如吃鸡蛋，一次吃三四个，就连打嗝都是鸡蛋味儿。

3. 吃饭时，只要碰到自己不喜欢吃的菜，宝宝就很抗拒，甚至不吃饭，即使变换食物的烹饪方式、状态、造型等也不管用。

4. 宝宝吃饭时只吃自己小碗里的米饭，肉和菜很少吃或不吃；或者只吃肉和菜，不吃小碗里的米饭。

5. 宝宝有食物偏好，只吃米饭不吃馒头（或只吃馒头不吃米饭、只喝粥不吃米饭等），只吃肉类食物不吃青菜（或者只吃青菜不吃肉）。

6. 让宝宝吃他不喜欢的菜时表示拒绝，或者含在嘴里马上吐出来。

7. 对于从前没有吃过的食物，宝宝比较抗拒，拒绝吃，或者含在嘴里后吐出来。

8. 宝宝爱吃零食、油炸食品，甚至拿这些当饭吃。

9. 宝宝吃饭的时间很长，经常大人吃完了，他还拖拖拉拉，需要 30 分钟甚至更多。

10. 宝宝消化不好，经常放屁，大便干结，甚至发生便秘。

每道题的答案都是 A. 是的 B. 偶尔，有几次 C. 没有这种情况

统计下，你家宝宝得几分。

看看测试结果，你家宝贝偏食、挑食吗？

1 个 A 也没有：恭喜，你家宝宝的饮食习惯很好，没有偏食、挑食的习惯。

1~3 个 A：注意啦！你家宝宝已经有偏食、挑食的倾向了，要尽快纠正。

4~6 个 A：小心啦！你家宝宝的确偏食、挑食，而且在往严重的方向发展。

7~10 个 A：特别注意！你家宝宝严重偏食、挑食，建议你及时咨询医生，找出合适的改正方法。

宝宝为什么会偏食、挑食？陈小厨帮你找原因

这种食物家长很少买，我都没怎么吃过，肯定不好吃，我不要吃。

这都不是我喜欢吃的，我想吃我喜欢吃的。

家长都不喜欢吃，为什么非得要我吃？

什么东西嘛，看起来一点儿不好看，我不想吃。

唔……不是我喜欢的味道，我不要吃，我想吃甜的。

我要吃炸鸡、薯条、蛋糕，我不要吃饭！

我要特别提醒溺爱宝宝的家长们，如果总是对宝宝有求必应，尤其在饮食方面，时间久了，宝宝的口味自然变得更加挑剔，对家长的要求也更高，稍不合胃口就不吃饭，家长为了避免这种情况出现就更要想办法去满足宝宝的要求，于是恶性循环，宝宝更加偏食、挑食。

小心！宝宝偏食、挑食不是小问题

鱼、肉、蛋、奶、蔬菜、水果、谷类中的营养各有侧重，如果宝宝偏食其中的某几种，很容易使营养素摄取失去平衡。

偏食、挑食的宝宝往往喜欢边吃边玩，一顿饭起码要花掉1个小时的时间。这样会使胃肠道得不到休息，要时刻准备着，等待突然进入肚子里的食物，时间久了就很容易造成胃肠道功能紊乱。

偏食、挑食的宝宝，要么营养摄入不足而体重不达标，身体瘦弱，要么营养摄入过量，特别是爱吃肉的宝宝，容易脂肪摄入过量而造成肥胖。

肉吃多了容易发胖，想想看，宝宝小时候胖，别人看到了会说："肉嘟嘟的真可爱。"可是等他长大后，很容易收获"胖子"的绰号。

危害 5：个子长不高

宝宝长身高也是需要全面均衡的营养支持的，如果宝宝偏食、挑食，蛋白质、钙、维生素 D、维生素 C 等与长身高有关的营养摄入不足，就会影响宝宝长个头。

危害 6：免疫力降低

宝宝长期不吃某类或某种食物，会使他无法从中获取维持和增强免疫力所需要的营养物质，时间久了就会影响到免疫力，变得容易生病，经常感冒发烧。也有的偏食、挑食宝宝还出现缺铁性贫血的情况。

危害 7：注意力不集中

宝宝大脑的发育需要多种营养的支持，而偏食、挑食会让宝宝营养摄入不够全面，使大脑得不到足够的营养支持，这也是宝宝注意力不集中、反应不灵敏的重要原因之一。

 唠唠唆唆带娃经

宝宝偏食、挑食可以用"食物交换份"解决吗？

关于"食物交换份"，我专门做过研究，它是这样规定的：食物交换份把食物分为谷薯类、蔬菜水果类、瘦肉鱼蛋类、豆乳类、油脂类五大类，而每产生 90 千卡热量的食物为"一份"，同类食物可以按"份"交换，营养价值基本相等。例如一份 25 克的瘦肉可以用一份 50 克的鸡肉替代，因为它们均可产生 90 千卡的热量，并且都属于瘦肉鱼蛋类，营养成分基本相同。需要注意的是，"食物交换份"里指的是同类的食物可以互换，而不同类的食物所含的营养成分是不一样的，例如肉类就几乎不含蔬菜所含的膳食纤维、维生素 C 等成分。可见，"食物交换份"的方法只能解决掉一部分偏食、挑食的问题，并不能完全保证营养全面均衡。所以家长在使用"食物交换份"时，一定要谨慎，谨慎，再谨慎！

看到宝宝偏食、挑食就火大？
不妨换个角度看问题

消息　　　　**详情**

宝妈

"一直以来，我都特别关注宝宝的饮食营养问题，也刻苦练习厨艺，自己熬粥，每餐都有绿色蔬菜，还有鱼肉蛋奶轮流吃，可以说是应有尽有了。可是孩子还是对洋快餐念念不忘，还喜欢吃零食，而且每次吃了之后就不好好吃饭了。真是愁死人！"

26分钟前　北京

很多家长跟我这位朋友一样，一看到宝宝吃洋快餐、零食、甜点，没有好好吃饭，心里就着急得不行。我的妹妹也整天抱怨小外甥没有好好吃饭，每到饭点总得"河东狮吼"，震慑他一番，让他好好吃饭。其实，看到宝宝偏食、挑食时，先不忙着急上火，我们不妨换个角度看问题。

❤ 所有的宝宝都爱吃甜的

我们的身体很神奇，它会自动形成一层"铜墙铁壁"，帮我们挡住不喜欢的、不好的。被挡住的这些东西里就有苦味的食物。所以宝宝爱吃甜食，拒绝吃苦味食物，家长们需要做的是接受，然后观察，看宝宝是不是吃甜食吃得太多了，太多才需要去控制量。

🌱 不要小看环境的影响

有的宝宝喜欢吃面条，有的宝宝喜欢吃米饭，也有的宝宝喜欢吃馒头……当宝宝出现类似问题时，家长不要过于担心，先看看是不是环境、地域等因素的影响。比如，北方人平时吃面条、馒头比较多，米饭吃得少，所以宝宝可能就不爱吃米饭。

🌱 宝宝的饮食天生有差异

我经常听到妹妹唠叨："你看你，一次就吃那么一点儿，你再看隔壁的果果，人家能吃2碗饭呢。"其实吧，我很想跟妹妹说这是个体差异的问题，我们大人的食量还不一样呢，更别说宝宝了。有的宝宝好静，一份食物都吃不完，别的同龄的宝宝到处跑动，能轻松地吃完三份，这在我看来是正常现象，没有什么可比较的。

🌱 吃饭应该是一件快乐的事

妹妹每次在饭桌上的唠叨，其实在我看来会对小外甥造成不小的压力。3~6岁正是宝宝自我意识不断增强的时期，也就是所谓的"叛逆期"，所以家长总是强调让他多吃点儿什么或者不让吃什么，他反而会对着干，他会认为家长经常强迫他吃的是不好的东西，不让他吃的才是好吃的。

🌱 做好"打持久战"的准备

在0~3岁阶段，给宝宝添加辅食时，他接受一种新的辅食需要一两个星期的时间，即使他长大了，迈入了3~6岁"小大人"的行列，他接受一样食物也是需要时间的。3~6岁的宝宝变得有主见起来，让他接受不喜欢的食物可能比以前需要更长的时间，家长最好抱着"这次不吃，下次再试试"的心态。

🌱 给宝宝多一些宽容

宝宝偏食、挑食，老是闹着吃零食、洋快餐，家长还要对这种不好的行为持宽容态度？是的。如果你一味制止，他反而不听，还会偷偷地吃。我的建议是不妨"放纵"几次，因为再好吃的东西吃多了也是会腻的，等他快吃腻了，你可以时不时地拿蔬菜水果沙拉或肉炒蔬菜等正餐食物在他面前走动，新鲜的食物很容易引起他的兴趣，让他"改邪归正"。

最后总结一下：家长看到宝宝偏食、挑食，不要着急，先客观地分析，只要宝宝的生长发育曲线在正常范围内就不要过于担心，然后再找原因想对策，做好"打持久战"的准备，一步一步地引导宝宝走上饮食的"正道"。

宝宝偏食、挑食怎么办？
用这些招数"对付"他们

在前面的小节里，我们一起了解了宝宝偏食、挑食的原因，以及 3~6 岁宝宝的一些心理特点，接下来我们就要着手纠正他偏食、挑食的行为了。下面是我整理的一些资料，以及实践证明切实有效的方法（当然，实践的对象是我家小外甥），供家长们参考：

招数 1
让宝宝参与到做饭中来

家长们，你们有没有发现一个问题：宝宝对自己参与或主导的事情很有成就感？这是 3~6 岁宝宝自主意识的体现，我们不妨"利用"一下，让他参与到做饭的过程中来，或者让他决定吃什么，怎么做，每次帮忙择菜、洗菜，或者给菜做造型……宝宝很愿意和大人一起分享他的劳动成果，也愿意去"消灭掉"他自己做的饭，即使是不爱吃的食物。

招数 2
大人做个好榜样自己做到不挑食

记得有一次吃饭，妹妹把香菇都挑了出来，说闻不惯香菇的味儿，小外甥之前没有吃过香菇，自从看到妹妹的"挑食"行为后就拒绝吃香菇，还说"妈妈说了香菇的味道不好闻"。我跟妹妹商量之后，有一次妹妹像平时吃饭一样吃香菇，我"随口"问道："之前你说香菇不好闻，现在怎么吃了？"妹妹说："我发现香菇这样做不仅很好闻，而且脆脆的很好吃。"小外甥听了之后跃跃欲试，最后在我们的鼓励下迈出了吃香菇的第一步，之后再没有那么排斥香菇了。

招数 3

苦练厨艺

如果你的饭菜做得色香味不够，自然会被宝宝"嫌弃"，让他养成偏食、挑食的坏习惯。这个就没什么诀窍了，苦练厨艺吧。家长们可以参考本书提供的各种营养餐，里面有详细的方法，即使是厨房小白也能轻松上手。让宝宝看到你的努力，他会因为你的付出而爱上吃饭。

招数 4

换着花样吃

宝宝不喜欢某种食物，通常是因为食物的气味不好闻或者做成菜后颜色不好看，这时你就要多花点儿心思，把食物的气味用调料或其他食物来遮一遮，或者改变造型、加入其他食材，做成宝宝喜欢的样子。例如宝宝不爱吃鸡蛋的话，你可以做成鸡蛋卷、蒸蛋羹、西红柿炒鸡蛋等。在本书的每一篇后面都会有一个小栏目"换着花样吃"，对于宝宝不喜欢吃的食物，家长们可以试试我提供的花样吃法哦。

招数 5

增加吃饭的乐趣

宝宝不爱吃饭时，不妨采用"迂回战术"。3~4岁的宝宝懵懵懂懂，比较容易"上当"，吃饭时你可以"引诱"他："这饭真香。你猜猜这是什么做出来的？" 5~6岁的宝宝，就没那么好"忽悠"了，你可以吃饭前给他讲讲与食物相关的故事。例如宝宝不爱吃胡萝卜，就讲小白兔爱吃胡萝卜，问他为什么小白兔爱吃胡萝卜？是不是胡萝卜很好吃？引起他的求知欲，让他想去吃一口。

招数 6

适当顺从宝宝的需求

宝宝饭前闹着吃零食，不给就发脾气不吃饭？我的建议是：给一点点，给之前达成协议，比如距离吃饭的时间超过30分钟以上可以给一点儿零食，但吃了零食之后不能不吃饭，记得对宝宝说"相信你是一个讲信用守承诺的人"。宝宝被戴上了一顶"高帽"，他会不自觉地用这个来要求自己，这样就不怕零食代替正餐的情况发生了。

Part 3

注重营养补充，为宝宝的健康加分

妹妹不知道从哪里听来的，说 3~6 岁的宝宝在长个子，要补补才长得高长得壮，于是上网查资料、跟其他家长取经，买了不少补品给小外甥吃。可小外甥不买账，她追着喂，他就跑。接收到小外甥求救的小眼神，我这个舅舅只好出马："别乱给宝宝吃补品，小心补过了上火。"在此也要提醒各位家长，在还未确认宝宝缺乏某种营养素时，千万不要盲目给宝宝补，以免补出问题来。那么，怎么给 3~6 岁的宝宝补充营养呢？在本章里，我会根据自身的专业知识以及向刘主任取来的"真经"，为各位家长提供多道营养餐，让宝宝们补得安全吃得放心。

补钙 促进骨骼发育，身体强壮长得高

自从有了小外甥，妹妹就每天买买买，钙片是必买之品，用她的话来说，钙补够了宝宝才能长高。事实上，钙补多了同样会影响健康。生活中很多家长跟我的妹妹一样，以为给宝宝补钙就好。我的建议是在补钙之前，先对钙有个全面的认识，然后在医生的指导下正确补钙。

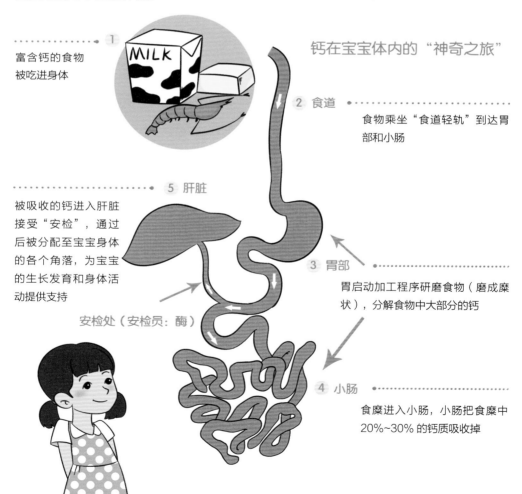

钙在宝宝体内的"神奇之旅"

1 富含钙的食物被吃进身体

2 食道
食物乘坐"食道轻轨"到达胃部和小肠

5 肝脏
被吸收的钙进入肝脏接受"安检"，通过后被分配至宝宝身体的各个角落，为宝宝的生长发育和身体活动提供支持

安检处（安检员：酶）

3 胃部
胃启动加工程序研磨食物（磨成糜状），分解食物中大部分的钙

4 小肠
食糜进入小肠，小肠把食糜中20%~30% 的钙质吸收掉

❤ 钙摄入不够，宝宝会有哪些麻烦事儿？

钙是骨骼和牙齿的主要成分，还是维持细胞生存和正常功能、维持人体内酸碱平衡、参与神经和肌肉应激过程的重要成分。如果宝宝偏食、挑食，钙摄入不足，那麻烦就大了。现在我们来看看钙摄入充足和缺钙宝宝的比对：

对比

钙充足宝宝

钙为宝宝"长个头"提供动力，宝宝钙质摄入充足则长得壮、身材匀称

宝宝骨骼的健康与钙分不开，钙摄入充足，则骨骼正常、强健

牙齿萌出、换牙、牙齿坚固都需要钙的支持，钙摄入充足的宝宝通常都有一口好牙齿

钙是天然的镇静剂，钙质充足的宝宝睡得香

钙是人体免疫系统的组成部分，钙摄入充足的宝宝身体好，少生病

钙促进体内消化酶等多种酶的活动，宝宝钙质充足则消化好、胃口好

缺钙宝宝

长期缺钙容易长成"豆芽菜"，身材矮小或细长，看起来弱不禁风

宝宝长期缺钙容易出现鸡胸、O型腿、X型腿等骨骼发育异常

宝宝长期钙摄入不足可影响到换牙和牙齿的坚固

缺钙的宝宝夜间常难以入睡、容易惊醒、盗汗

缺钙的宝宝抵抗力低，容易生病，出现反复性的呼吸道感染、长湿疹、急慢性腹泻等不适

缺钙的宝宝容易偏食、挑食，不好好吃饭，而偏食、挑食又可导致钙摄入不足，加重缺钙症状

🌱 两步确认宝宝是否缺钙

第1步

看表现，勾选项

1. 夜间盗汗，尤其是入睡后头部大量出汗，哭后出汗更明显。
2. 不易入睡，或睡觉不实，容易惊醒、夜惊、醒后哭闹。
3. 变得烦躁、爱哭闹，不如以前活泼。
4. 头发稀疏，后脑勺有枕秃圈。
5. 牙齿发育不良，排列参差不齐，咬合不正，牙齿松动，过早脱落。
6. 骨骼发育异常，如肋骨串珠、鸡胸、X 型腿或 O 型腿。
7. 腹壁肌肉、肠壁肌肉松弛，腹部膨大像青蛙肚子。
8. 不爱吃饭、偏食、厌食。
9. 抵抗力低，容易患感冒、肺炎、腹泻等疾病。
10. 经常长湿疹，迁延不愈。
11. 精神状态不好，反应速度慢，对周围环境不感兴趣。
12. 体重过重。

> 如果超过 3 项，要考虑宝宝有可能缺钙。

第2步

查血钙、骨密度

　　宝宝身上有缺钙的表现时，家长应带他到医院抽血检查血钙水平以及做骨密度检查，以确认他是否真的缺钙。医生会根据检查结果给出适合的补钙方案。

 啰啰唆唆带娃经

血钙正常 ≠ 不缺钙，很有可能是骨骼缺钙！

　　骨骼是钙的"仓库"，如果宝宝总是钙质摄入不足，或钙流失严重，血液里的钙浓度不够，身体就会启动调节机制，从"仓库"里调度一部分钙溶于血液中，以使血钙水平维持正常范围。所以如果你的宝宝血钙检查显示正常，身体上却有缺钙的信号，说明他可能骨骼缺钙，需要进一步做骨密度检查。

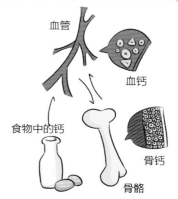

血管
血钙
食物中的钙
骨钙
骨骼

● 血钙浓度不够，就要从骨骼中"偷出"一部分钙，长期如此很容易造成骨骼缺钙。

🌱 宝宝缺钙，食补是最佳方式

根据中国营养学会和《中国居民膳食营养素参考摄入量速查手册》（2013 版）推荐，3~6 岁宝宝每天需要摄入 600~800 毫克的钙。那么，这 600~800 毫克的钙从哪里来？营养专家建议，按照营养膳食宝塔（参考本书 p.18~19），搭配好宝宝的一日三餐和 1~2 次加餐，保证宝宝的饮食中奶类、绿叶蔬菜、豆腐、坚果、主食、蛋类、肉类、鱼类、水果等种类齐全、数量合适，基本上就能帮助宝宝补足钙了。

家长需要了解的富钙明星食材[①]

高钙明星	每 100 克食材中钙含量（单位：毫克）	高钙明星	每 100 克食材中钙含量（单位：毫克）
芝麻酱	1057	虾皮	991
蕨菜	851	炒榛子	815
奶酪	799	黑芝麻	780
桑葚干	622	白芝麻	620
野苋菜	610	海带	455
紫菜	422	荠菜	420
黄豆	370	淡水虾	325
豆腐干	309	豆腐	250~300
黑豆	224	芹菜	160
新鲜油菜	140	牛奶	125

①参考：《中国食物成分表》（2004），北京大学医学出版社。

❤ 小心！这些食物"偷走"宝宝身体里的钙

食补是补钙的最佳方式，但食物中也有"小偷"。这些"小偷"用可口刺激的味道进行伪装，让宝宝爱吃它们，它们进入宝宝体内后，悄悄地"搞小动作"，把钙"赶出"宝宝体外。这些"小偷"都是谁呢？

钙磷比例失调"赶走"钙

正常情况下，人体内的钙磷比例是 2：1，但如果宝宝爱喝碳酸饮料，爱吃汉堡、炸薯条、比萨饼等洋快餐，这些食物含磷较多，很容易使身体里的钙磷比例高达 1：10~20，经过人体内复杂的代谢过程后使血钙流失，最终使宝宝缺钙。所以当宝宝提出吃洋快餐、喝碳酸饮料时，家长要坚持原则，尽量不吃，偶尔"开开荤"是可以的，一个月最好不要超过 2 次。

大鱼大肉"吃掉"钙

家长总是想给宝宝最好的，于是经常大鱼大肉，殊不知大鱼大肉中的高蛋白是导致钙质流失的"刽子手"。

大鱼大肉如何"偷走"钙？

- 动物性蛋白含有硫，可打破宝宝血液中的酸碱平衡，使宝宝的血液呈酸性，逼迫身体从骨质中提取钙来中和血液的酸性。

- 猪肉、牛肉等红肉中含有大量的磷酸根，它们会与钙结合，减少宝宝对钙的吸收。

- 红肉中的饱和脂肪酸含量非常高，可与钙结合，形成不溶性脂肪，降低钙的吸收率。

实验证明，每天摄入 80 克动物蛋白质，会造成 37 毫克的钙流失；当蛋白质的摄入量增加到每天 240 克，这时即使再补充 1400 毫克的钙，最后总的钙流失量还是会达到每天 100 多毫克。而一天吃 100 克左右的肉，所摄取的蛋白质就已经达到 60 克左右。所以，每天给宝宝吃的肉最好少于 100 克！

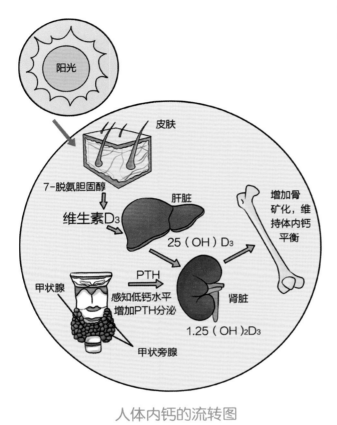

人体内钙的流转图

图中标注文字：阳光、皮肤、7-脱氨胆固醇、维生素D₃、肝脏、25（OH）D₃、增加骨矿化，维持体内钙平衡、甲状腺、感知低钙水平 增加PTH分泌、PTH、肾脏、1.25（OH）₂D₃、甲状旁腺

🌱 经常吃富钙食物会不会导致钙超标？

有一次全家人吃饭，桌上有芝麻酱拌豇豆、虾、豆腐、野苋菜汤等高钙食物，老妈问我："每天吃的东西，如果钙总量超过推荐的补充量，会不会有问题？"我的回答是：宝宝长个子、换牙都要消耗钙，身体对食物中钙的吸收也是有限的，还会把吃进去的钙给代谢掉，如果只是用食物补钙，问题不大，但也要注意荤素搭配，营养全面均衡，吃富钙食物的同时也要注意其他营养素的补充。

🌱 家长切勿随意给宝宝吃钙片

有的家长看着宝宝晚上睡觉出汗多，不爱吃饭，白天精神状态也不好，没有去医院检查就自行判断宝宝缺钙了，然后买钙片给宝宝吃。陈小厨在这里提醒各位家长，这种行为是不可取的！家长自行给宝宝补钙很容易出问题：一是家长并不知道宝宝缺钙的程度，把握不好钙片的服用量；二是家长不知道应给宝宝吃多久的钙片，容易造成补钙过量。

补钙过量危害多，这不是危言耸听！宝宝若过量补钙，容易出现厌食、便秘、恶心、关节疼痛、肌肉坚硬结节等不适，严重的还可导致肾结石、心律失常、生长发育缓慢等后果。所以家长千万不要自行给宝宝吃钙片，当怀疑宝宝缺钙时，应到医院检查确诊，然后在医生的指导下正确给宝宝吃钙片和维生素 D 制剂，并结合食补帮助宝宝补钙。

注意，给宝宝补钙一段时间后，要带宝宝复查，检查他的钙是不是补上了，医生会根据宝宝的情况给出新的方案。

蟹味菇
米饭披萨

米饭也能做披萨？真是想不到！还等什么，拉上宝宝一起动手吧。

材料

白米饭 1 碗
小火腿肠 2 根
蟹味菇 50 克
洋葱 1/2 个
苦菊 1 棵

调料

盐 3 克
番茄沙司 1 勺
奶酪 1 片
黄油适量
黑胡椒粉少许

家里如果没有黄油，用色拉油也可以。

开始做饭喽！

1 苦菊去掉根部，清洗干净，然后沥干水，把茎和叶分开。接着将苦菊的茎部切碎。如果宝宝没事干，就让他帮忙洗菜吧。

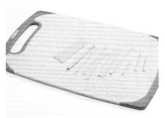

2 蟹味菇、火腿肠、洋葱这几种食材，该洗的洗干净，然后全部切丁。奶酪切成条后切碎。

3 黄油放微波炉里，用中火加热1分钟左右化开。

4 烤箱预热180℃。在这期间你可以准备披萨：在烤盘上面薄薄地抹一层黄油或色拉油，倒入米饭，用锅铲按平。

5 在米饭的表面撒少许盐和黑胡椒粉，接着依次撒蟹味菇丁、洋葱丁、小火腿肠丁、苦菊碎、奶酪碎。

6 把烤盘放进烤箱的中层，180℃上下火烤10分钟左右，就可以取出来，放一点点番茄沙司，撒苦菊叶子即可！

营养细细看 ☺

对于不爱喝牛奶或者对牛奶过敏、乳糖不耐受的宝宝来说，奶酪既可以用难以抗拒的口感让宝宝重新爱上奶制品，又不会使宝宝发生过敏或其他排斥反应，重点是还有7倍于鲜牛奶的钙含量，且所含更容易被人体吸收、利用。

换着花样吃 🍒

如果宝宝实在不喜欢苦菊，可以换成生菜；蟹味菇可以换成维生素D含量同样丰富的香菇或其他菌菇类；白米饭也可以换成金银米饭或杂粮米饭。

奶香娃娃菜

材料

娃娃菜 1 小棵
香菇 3 朵
胡萝卜 1/2 根
葱少许
蒜少许
姜少许

调料

鲜牛奶 1 袋
（250 毫升左右）
盐少许

奶香中带点儿甜，还有糯糯的娃娃菜，以及红色的胡萝卜，不仅从味觉上吸引宝宝，视觉上也会调动起宝宝的食欲。

开始做饭喽！

1　娃娃菜一片一片掰开，然后用手撕成条（这一步可以请宝宝帮忙）；胡萝卜洗净，先对半切开，然后斜刀切成薄片。

2　香菇用清水浸泡 5~10 分钟，然后换水，沿着一个方向搅拌香菇，能使香菇菌褶里的沙子都落到水里，接着再用清水冲洗一遍，切成小片。

　3　葱洗净，切碎；蒜去皮，切碎；姜洗净，切丝。

4　锅里加适量油烧热，然后放入葱碎、姜丝、蒜碎，转中火爆香，再放入胡萝卜片炒软。

5　接着放娃娃菜条炒到软，注入适量开水。

6　把香菇放进锅里，加盖，中火煮沸后继续烧 2 分钟，关火，淋入鲜牛奶，加少许盐调味，然后把汤和菜一起倒进盆里。

营养细细看 ☺

说到给宝宝补钙，首选当然是牛奶了，它含钙量很高，而且容易消化吸收。娃娃菜也含有一定量的钙，还含有丰富的维生素 C，能帮助宝宝补钙，还能提高免疫力，让宝宝少生病。

换着花样吃 🍒

可以把牛奶换成奶油、奶酪，直接跟娃娃菜一起煮就可以了，味道不输牛奶，补钙效果也不错。你还可以让宝宝帮忙往里面撒点儿虾皮，虾皮可是高钙食物，补钙效果棒棒的。或者加点儿黑木耳，帮宝宝清清肠，预防便秘。

鸡肉
笑脸饭

米饭绵软，蔬菜清脆，鸡肉香嫩，混搭风竟然能这么和谐！

材料

米饭 1 碗
鸡胸肉 1 小块
胡萝卜 1/2 根
黄瓜 1/2 根
儿童火腿肠 1 根

调料

番茄沙司少许
盐少许
生抽少许
淀粉少许
姜 5 克

开始做饭喽！

1　鸡胸肉洗净，放进冰箱冷冻室里冷冻20分钟左右，等鸡胸肉变得有些硬但还没有冻住时取出来切薄片。你也可以用这个方法切其他肉类。

2　鸡胸肉片加淀粉、盐、生抽拌匀，腌制10分钟左右；胡萝卜、黄瓜分别洗净，切成丁；火腿肠去掉皮，切条；淀粉加3~5勺水调匀；姜洗净，切成末。

3　炒锅内加少许油，小火加热至微微冒烟，然后下姜末炒香，接着下鸡胸肉丁翻炒至颜色发白，再下黄瓜丁、胡萝卜丁翻炒至黄瓜丁微微变黄，加盐调味，用水淀粉勾芡就可以关火了。

4　让宝宝选一个盘子，米饭盛入碗中，略压实，然后倒扣在盘子上，和宝宝一起在米饭上用番茄沙司画上笑脸，再盛入炒好的鸡肉蔬菜就可以啦。

✿　也可以征求宝宝的意见，看他想要什么造型。

营养细细看 ☺

说到鸡肉，很多人第一反应就是蛋白质含量高，其实鸡肉里的钙也很丰富——每100克鸡肉含有11毫克左右的钙质，且吸收利用率比较高，非常适合生长发育黄金期的宝宝食用。再搭配脆脆的胡萝卜、黄瓜，营养很丰富呢！

换着花样吃 🍒

如果宝宝不爱吃胡萝卜，可以换成玉米。玉米含有丰富的膳食纤维、维生素E、叶黄素等多种营养成分，营养价值丝毫不逊于胡萝卜。还可以换成脆的南瓜，南瓜含维生素C、维生素E、膳食纤维等营养成分，对宝宝的健康也很有益。

鲜虾豆腐蔬菜羹

营养师笔记

前几天跟妹妹聊天，妹妹一副愁容，原因是带小外甥去检查，发现有些缺钙。医生给开了钙片，妹妹、妹夫各种哄骗，小外甥就是不肯吃。我想起小时候妈妈经常给我和妹妹做豆腐吃，鲜嫩爽滑的豆腐，配上虾仁、胡萝卜、豌豆，红红绿绿中一点白，总是让我们流口水。妈妈每次看我们吃得香，都会笑着说："多吃点哦，长得高高的！"于是我灵机一动，给小外甥做了这道豆腐羹，豆腐可是补钙的好食材哦！

虾仁 100 克
（或鲜虾 150~200 克）
鸡蛋 2 个
青豆 20 克
胡萝卜 20 克
豆腐 1 块

- - - - - - - - - - - - - -

豆腐用传统卤水
豆腐，口感会更好。
用普通北豆腐也可以，
看宝宝喜不喜欢了。

调料

盐少许
淀粉少许
芝麻油少许
浓汤宝 1 块

开始做饭喽！

1　豆腐切小丁；虾仁洗净，在背部切一刀，用牙签挑出虾背上黑色的泥肠，洗净，然后把虾仁切碎。

2　鸡蛋磕入碗中，搅散；胡萝卜洗净切丁；青豆洗净。

3　锅中加水烧开，放入豆腐、胡萝卜、青豆、浓汤宝，稍煮两分钟再加入虾仁，大火煮至汤沸，然后中火煮 1~2 分钟。

✿ 想要汤汁少一些，水刚没过豆腐就可以啦；如果想喝汤，可多放一些水。

4　淋入鸡蛋液，等 3~4 秒钟蛋液稍微成形后再搅散成蛋花，放入盐调味。

✿ 如果淋入蛋液马上搅动，汤汁会变得比较浑；反之如果煮的时间久了才搅，蛋液就会变成一块一块的了。要多练习，把握好时间。

5　将淀粉放入碗中，放入适量水搅至溶化，倒入汤里勾芡，最后滴几滴芝麻油就可以了。

变 鲜虾豆腐蔬菜羹
西蓝花虾仁豆腐羹

如果你想给宝宝补充维生素C，进一步提高宝宝的免疫力，可以把青豆换成富含维生素C的西蓝花。

青豆→西蓝花

1 参照"鲜虾豆腐蔬菜羹"的做法，将其他食材处理好。

2 西蓝花洗净后掰成小朵，用开水烫一下，再用冷水过凉。参照"鲜虾豆腐蔬菜羹"的做法，将除鸡蛋液、西蓝花外的食材先放入锅里煮，煮沸后放入西蓝花稍微煮一下，倒入蛋液搅散，最后加盐、勾芡、滴芝麻油。

变 鲜虾豆腐蔬菜羹
鲜虾豆腐玉米木耳汤

还可以把鸡蛋、胡萝卜、青豆换成膳食纤维丰富的食物，玉米、黑木耳都是膳食纤维的良好来源，而且玉米含有丰富的不饱和脂肪酸，黑木耳含有丰富的铁，对宝宝的生长发育都很有好处。

鸡蛋、胡萝卜、青豆→罐装玉米粒、黑木耳

1 参照"鲜虾豆腐蔬菜羹"的做法，将其他食材处理好。

2 黑木耳泡发，去掉根和杂质，切成丝。

3 把所有食材放入锅里，倒入水，水要没过食材，大火煮沸后转中火略煮，加盐调味，用水淀粉勾芡，滴入芝麻油就可以了。

营养细细看

豆腐的口感清润，而且富含蛋白质、钙，有"植物肉"的美誉，再配上含有大量维生素、膳食纤维的胡萝卜、青豆，对3~6岁宝宝的生长发育很有益。

换着花样吃

吃饭时，将豆腐羹浇在大米饭上，让大米饭沾染它的鲜香美味，不爱吃主食的宝宝也会爱上这种吃法。

做这道菜时可以不用水淀粉勾芡，在最后倒入一些牛奶，稍微煮一下，能使豆腐羹奶香浓郁。

补铁 增强造血功能，不做贫血宝宝

家长们要注意啦！3~6 岁的宝宝身高、体重增长都比较快，血容量也明显增加，对铁的需求量要比以前多，如果宝宝偏食、挑食，很容易导致缺铁，引起缺铁性贫血，影响健康和发育，所以平时要多了解补铁的相关知识，保证宝宝铁摄入充足。

宝宝缺铁，后果很严重

我们都知道，铁是制造人体血红蛋白不可缺少的材料，除此之外它还是生命活动不可缺少的物质。那么，宝宝缺铁会有哪些问题呢？看看下面这张图片，相信你立刻能懂：

 宝宝缺铁有哪些严重后果

影响
身体发育

影响智力、
性格发展

● 体重增长缓慢
● 脸色苍白或蜡黄
● 嘴唇苍白，没有血色
● 头发枯黄、稀少
● 不爱动，容易疲劳
● 免疫力下降，常感冒、发烧，严重的可能晕倒
● 身上有伤口时容易感染

● 反应变慢
● 注意力不集中
● 记忆力变差，健忘
● 性格变得容易激动、烦躁，或者动不动就发脾气、闹情绪
● 学习能力下降，成绩变差

🌱 两步确认宝宝是否缺铁

宝宝缺铁的后果竟然这么严重！家长需要做的事情就是经常观察宝宝的状态，当怀疑宝宝缺铁时，马上带宝宝去医院检查确认，及时纠正。

第 1 步

看表现，勾选项

1. 脸色一直都显得苍白或蜡黄；
2. 唇部没有血色；
3. 头发枯黄，没有光泽，看起来像杂草一样；
4. 手脚经常冰凉冰凉的，怎么焐都焐不热；
5. 胃口不好，经常腹胀或便秘；
6. 呼吸重，心率快，特别是活动或哭闹之后更明显，甚至出现心脏杂音；
7. 免疫力降低，容易生病，特别是易感染流感、手足口病、水痘等流行性疾病；
8. 注意力不集中，看书时经常左看右看，不能专注于书本；
9. 记忆力减退，经常丢三落四，忘记自己把东西放哪儿了；
10. 动不动就觉得累，不想活动，精神萎靡不振；
11. 性格变得比以前烦躁，经常因为一点儿小事激动或者哭闹；
12. 经常感觉头晕、耳鸣（有的宝宝语言表达能力好，能自述，有的则不能）；
13. 严重的可出现低血糖，发生晕倒事件。

家长们注意啦，如果你家宝宝的情况超过 3 条，则要考虑是不是缺铁了，需要去医院进一步确认。

第 2 步

到医院查血常规

怀疑宝宝缺铁了，你需要及时带他去医院验血常规，根据化验结果中血红蛋白浓度（HGB）的数值来判断宝宝是否贫血。一般说来，3~6 岁儿童血红蛋白浓度应该是 110~160 克 / 升，临床上以低于 110 克 / 升为轻度贫血，低于 90 克 / 升为中度贫血，低于 70 克 / 升为重度贫血。另外，还可参考红细胞总数（RBC），如果测得红细胞数量比正常值减少，同时血红蛋白浓度低于 110 克 / 升，基本上可以确诊为贫血。

❤ 宝宝缺铁，食补是最佳方式

根据《中国居民膳食营养素参考摄入量》（2013 版），不同年龄段的宝宝每日需铁量为：1~4 岁每日需铁 9 微克，可耐受最大摄入量为 25 微克；4~7 岁每日需铁 10 微克，可耐受最大摄入量为 30 微克。鱼类、动物肝脏、动物血、肉类中的铁含量很丰富，吸收率也高达 15%~30%；黑芝麻、黑木耳、豆腐、胡萝卜、芹菜等食物也含有不少铁，但吸收率相对较低，仅有 3%~5%，不过它们所含的维生素 C 可促进身体对铁的吸收，用它们来搭配富铁食物是不错的选择哦。

家长需要了解的富铁明星食材①

富铁明星	每 100 克食材中铁含量（单位：毫克）	富铁明星	每 100 克食材中铁含量（单位：毫克）
黑木耳（干）	97.4	蛏子（干）	88.8
紫菜（干）	54.9	猪血	45
桑葚（干）	42.5	鸭肝	35~50
鸭血	31~39	蛏子（鲜）	33.6
猪肝	31.1	鸡血	28.3
菠菜	25.9	墨鱼（干）	23.9
黑芝麻	22.7	芥菜	17.2
鸡肝	13.1	蛋黄	10.2
黄豆	9.4	猪肾	5.6
猪瘦肉	3.4	牛肉	3.2

①参考：《中国食物成分表》（2004），北京大学医学出版社。

❤ 食补只需找富铁食物？不是的，食物中铁的量和质要兼顾

之前给小外甥做补铁餐，妹妹一脸懵懂地问我："补铁是不是吃含铁多的食物就可以了？"这个问题问得好，很多人不知道，食物中的铁存在形式不一样：

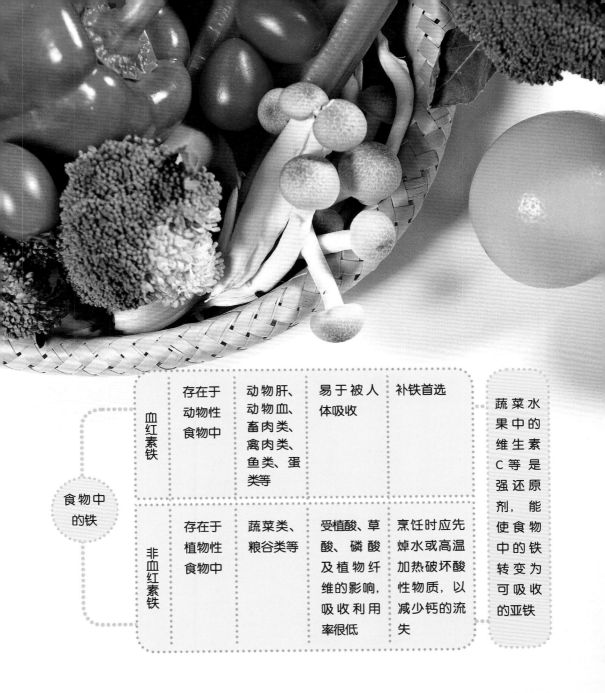

食物中的铁	血红素铁	存在于动物性食物中	动物肝、动物血、畜肉类、禽肉类、鱼类、蛋类等	易于被人体吸收	补铁首选
	非血红素铁	存在于植物性食物中	蔬菜类、粮谷类等	受植酸、草酸、磷酸及植物纤维的影响，吸收利用率很低	烹饪时应先焯水或高温加热破坏酸性物质，以减少钙的流失

蔬菜水果中的维生素C等是强还原剂，能使食物中的铁转变为可吸收的亚铁

从上面的结构图我们可以看到，给宝宝安排补铁餐，不仅要看食物中含铁量多少，更应注重铁的吸收利用率。另外，食物的适当搭配能使铁的吸收率提高数倍，例如蔬菜水果中的维生素C能使食物中的铁转变为可吸收的亚铁，所以给宝宝吃富含铁的食物的同时，最好配备含维生素C丰富的蔬菜水果或果汁，同时酸酸甜甜的果汁能让宝宝的胃口大开（注意，这里说的不是工厂生产的瓶装的甜度高、糖分多的果汁饮料，是自己鲜榨的果汁）。

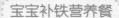

紫甘蓝西芹鸡蛋卷饼

鸡蛋的花样新吃法！宝宝不爱吃鸡蛋？试试这个吧。

材料

鸡蛋 1 个
西芹 50 克
紫甘蓝 50 克
生菜叶 50 克
面粉 100 克
糯米粉 50 克
牛奶半袋
火腿肠 1 根
熟芝麻适量
小葱适量

调料

盐少许
番茄酱少许

开始做饭喽！

1 做这道菜时，你可以让宝宝帮忙完成如下工作：把生菜、紫甘蓝掰开，洗净，控干水，然后撕成碎片。

2 小葱洗净，切末；火腿肠先切成细条，后切丁。西芹去掉根部，洗净，把根茎和嫩叶分开，根茎切碎。

3 锅中加适量水和少许盐烧开，下芹菜叶焯软，捞出来挤干水，切碎。

4 在面粉、糯米粉中加入西芹末、芹菜叶末、葱末，磕入鸡蛋，倒入牛奶和水调成稀的面糊。

5 平底锅放在灶上，开小火，在上面刷一层薄薄的油，然后用勺子盛面糊，倒入平底锅的中间，倒的同时，另外一只手晃动平底锅，使面糊均匀地铺满锅底，摊成一张薄饼。

6 用小火慢煎，当面糊表面凝固变色时翻面，再稍微煎一下就好。用同样的方法将全部面糊煎成饼。

7 取一张饼，在饼上铺生菜碎、紫甘蓝碎、火腿肠丁，挤上一些番茄酱，撒熟芝麻，然后将饼卷起来，摆放在盘子里就成啦（这个步骤可以让宝宝来完成，不论做成什么形状家长都别忘了点赞哦）。

香煎猪肝

材料

猪肝 200 克
洋葱适量
西蓝花 2~3 小朵

调料

橄榄油适量
淀粉适量
料酒少许
酱油少许
黑胡椒粉少许
盐少许
白糖少许

猪肝是补铁好帮手，宝宝每周吃 1~2 次能有效预防贫血哦~

开始做饭喽！

1　猪肝先用流动水冲洗几分钟，再用淡盐水或者白醋水浸泡30分钟左右，捞出切片，再继续用流动水冲洗一段时间，洗到没有血水渗出为止，然后放

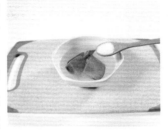

进碗里，加入少许黑胡椒粉、盐、白糖和料酒，拌匀后腌制10分钟左右。

2　西蓝花放开水锅里焯熟，捞起过凉水，控干。

3　把猪肝片放进淀粉里使两面都裹上淀粉，然后放进加有少许橄榄油的热锅里煎至两面焦黄。你可以用筷子扎一下猪肝，能轻松扎透就说明熟了。

4　取出煎好的猪肝片，锅里再倒入少许油烧热，放入洋葱碎，用中火爆香，烹入少许酱油，倒入煎好的猪肝片翻炒均匀就可以装盘了，最后加西蓝花作为装饰。

营养细细看

宝宝补铁，首选猪肝。猪肝不仅含有丰富的铁，还含有蛋白质、肝糖、肝素、维生素等多种营养物质，能帮助宝宝调节、改善造血系统的生理功能，预防和缓解贫血。这道菜里的西蓝花既是装饰，也可以吃，它所含的维生素C、维生素K等能提高铁的吸收利用率。

换着花样吃

你可以给宝宝换换口味，把猪肝换成鸡肝、鸭肝、鹅肝，补铁的效果也不错。或者用猪肝搭配黑木耳、胡萝卜、黄瓜等做成熘肝尖，口感嫩滑爽脆，营养也很丰富呢。

开心
碧菠炒饭

材料

鸡蛋 1 个
熟米饭 1 碗
菠菜 1~2 棵

调料

盐适量
色拉油适量
小苏打 2 勺

哇，翠绿翠绿的就像碧玉般，能让宝宝一天都能量满满哦!

开始做饭喽！

1 菠菜放进盆里，加入 2 勺小苏打和适量水浸泡 5 分钟左右，然后冲洗干净（洗菜这种活儿就交给宝宝吧）。

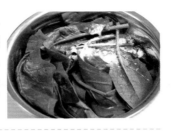

2 菠菜洗干净后去掉根部，放入加有 1 ~ 2 勺盐的开水锅里焯软，捞起挤干水，切成段，放进搅拌机里搅打成泥。

3 把菠菜泥和米饭一起放入大碗里混合均匀，放置 5 分钟，让米饭把菠菜泥里的水分吸收掉。

4 平底锅加入适量油加热，放入菠菜米饭翻炒。等米饭里的水分完全炒干、变得颗粒干松时加入少许盐，不断翻炒 1~2 分钟，盛到盘里。

5 取一个干净的造型简单的模具，在模具的内侧刷上薄薄的一层油。锅中放适量油加热，在锅底正中放入一个煎蛋模具，将鸡蛋打入模具中，小火慢慢煎至朝上的一面定型，去掉模具，然后翻面，把朝上的一面也煎熟，再盛起来放在米饭上即可。如果宝宝喜欢吃太阳蛋，煎一面即可，单面可多煎一会儿，让蛋黄凝固。

营养细细看 ☺

说到补铁的蔬菜，当推菠菜。根据研究测定，每 100 克菠菜可食部分含铁 25.9 毫克，在蔬菜类里算是名列前茅。另外，蛋黄也含有不少铁，和菠菜搭配，能实现"强强联合"，使补铁的效果更好。

换着花样吃 🍒

如果宝宝实在不喜欢吃菠菜，可以换成脆脆的芹菜，芹菜也含有一定量的铁，而且膳食纤维含量丰富，能促进宝宝肠胃蠕动，预防和缓解便秘。也可以往里面加些西红柿丁、玉米粒，红黄绿的搭配很养眼哟。

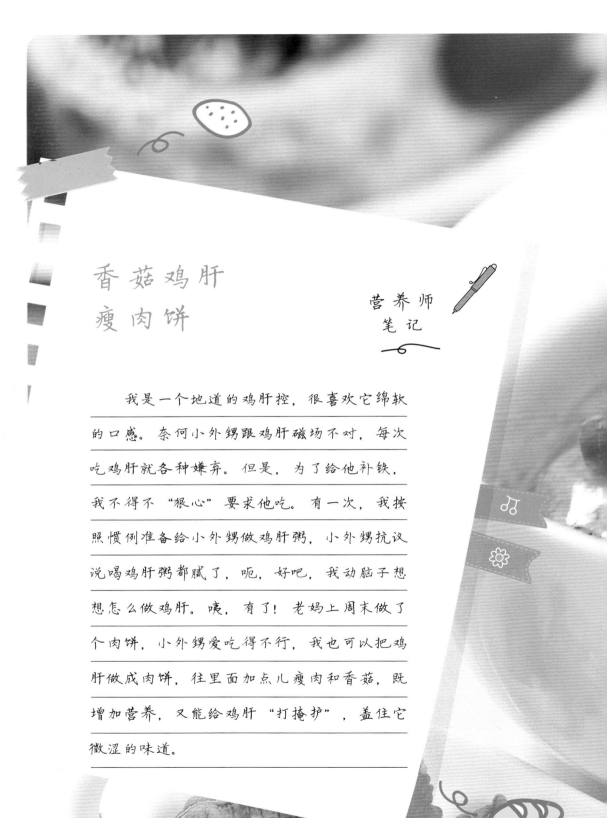

香菇鸡肝
瘦肉饼

营养师
笔记

　　我是一个地道的鸡肝控，很喜欢它绵软的口感。奈何小外甥跟鸡肝磁场不对，每次吃鸡肝就各种嫌弃。但是，为了给他补铁，我不得不"狠心"要求他吃。有一次，我按照惯例准备给小外甥做鸡肝粥，小外甥抗议说喝鸡肝粥都腻了，呃，好吧，我动脑子想想怎么做鸡肝。咦，有了！老妈上周末做了个肉饼，小外甥爱吃得不行，我也可以把鸡肝做成肉饼，往里面加点儿瘦肉和香菇，既增加营养，又能给鸡肝"打掩护"，盖住它微涩的味道。

材料

鸡肝 50 克
瘦猪肉 50 克
香菇末适量
小葱末适量
鸡蛋 1 个

调料

料酒少许
蚝油少许
盐少许

1　鸡肝冲洗后加清水和 3 勺盐浸泡，1 小时后换一次水、加一次盐，再浸泡 1 小时，用流动的清水把血水洗净。

2　瘦猪肉洗净，沥干水，切成小丁。

3　把洗好的鸡肝和猪肉丁一起放入搅拌机里，搅打成泥，然后倒入碗里。用蛋清分离器分离蛋清蛋黄。

4　把肝和肉泥、葱白碎、香菇碎和蛋清放进同一个碗里，加少许盐、料酒和蚝油，用筷子沿着一个方向搅打至肉馅发黏。

5　肉泥搅打上劲后整理平整，然后把蛋黄倒在上面。倒蛋黄时尽量轻一些，要使蛋黄正好放在肉泥的正中间，圆圆的，才好看。

6　蒸锅加适量水烧开，然后放入肉泥，盖上盖，隔水蒸 15 分钟后取出，撒上葱花，营养又美味的香菇鸡肝瘦肉饼就做成了。

香菇鸡肝瘦肉饼
 番茄鸡肝菠菜丸

想让补铁的效果更好，你可以把香菇换成菠菜。菠菜本身的铁含量并不高，但它含有丰富的维生素 C、维生素 K，这些物质都有助于人体对铁的吸收利用。

香菇→菠菜 2~3 棵，西红柿 1 个，姜 1 片

1 参照"香菇鸡肝瘦肉饼"做法 1~3 制作肝肉泥。

2 锅里加入适量水烧开，烧水的同时洗菠菜，往开水里倒入 2 勺料酒（加料酒能盖住菠菜的怪味），放入菠菜焯软，捞出后沥干水，切丁。

3 西红柿洗净，先横切成片，然后切成条，再切成丁；姜洗净，用压蒜器压出姜汁。

4 把肝肉泥、菠菜丁、葱末、姜汁放入碗里，磕入鸡蛋，倒入少许盐、料酒、蚝油，顺着一个方向搅匀。

5 另取一锅，加适量水烧开，然后关火。一手戴上一次性手套，抓一把菠菜肉泥，拳眼朝上，稍微用力抓，丸子就从拳眼向上冒出来，接着另外一只手拿一个尖勺刮下丸子，放入锅里。用同样的方法把所有的丸子都做好放锅里，然后开火把丸子煮熟（一般丸子煮至浮起就熟了），捞起放进碗里备用。

6 锅里放少许油，小火加热至微微冒烟，下西红柿丁，放入少许盐把西红柿丁炒出汁（放盐后西红柿更容易出汁），然后下鸡肝菠菜丸子和少许清水，加盖焖 10 分钟左右就可以盛盘，再撒葱花就成啦。

营养细细看 ☺

在这道菜里，鸡肝和瘦肉都是补铁的好帮手。3~6 岁的宝宝正处于生长发育的高峰期，宝宝正常生理活动、新陈代谢以及智力发育等，都需要大量的铁支持，家长每天给宝宝准备 100 克左右的肉类食物，每周吃 1~2 次动物肝脏，基本上能满足宝宝对铁的需求。

换着花样吃 🍒

可以把鸡肝换成鸭肝或猪肝，补铁的效果也不错。在宝宝不想吃动物肝脏时，也可以用瘦肉加上马蹄（荸荠）末做成肉饼，肉的香配上马蹄的清甜爽脆，十分可口呢。

117

补锌 宝宝不挑食，为健康加油

对于宝宝来说，锌真的很重要，它不仅是维持宝宝正常的生长发育、味觉功能及食欲、视力发展的重要物质，也是构成大脑的重要物质。宝宝如果偏食、挑食，锌摄入不足，很容易出现健康问题。

🌱 看表现，宝宝缺锌自查

- 1. 胃口突然变差，原先每餐能吃 1 碗米饭，现在每餐吃几口就不吃了。
- 2. 出现异食行为，如爱啃指甲，甚至吃泥土、石头等。
- 3. 偏食、挑食严重，看到不喜欢吃的东西就不吃饭，或者放进嘴里后出现呕吐。
- 4. 身高要比同龄的宝宝矮 3~6 厘米，体重轻 2~3 千克，甚至更多。
- 5. 免疫能力低下，经常生病，如出现感冒发烧、扁桃体炎。
- 6. 视力明显下降，出现近视、散光等情况；夜视能力差，平常人能看到朦胧的影子，缺锌宝宝看不到。
- 7. 皮肤问题多，容易皮肤瘙痒、长湿疹，不小心被划伤后伤口不容易愈合。
- 8. 口腔溃疡反反复复，无法根治。
- 9. 注意力不集中，看书或做某一件事情时容易分心，记忆力也变差，常常忘事情。

如果宝宝缺锌程度比较重，又没有得到及时的纠正，有可能会影响到第二性征的发育，到了青春期男性可出现睾丸过小、阴茎过短、睾酮含量低、性功能不良的情况，女性则可出现乳房发育迟缓、月经初潮推迟等。

对照你家宝宝的情况，如果有 3 项以上前面是打勾的，你需要注意了，宝宝可能缺锌，你需要带他去医院做检查确诊。在医院里，你需要向医生说明宝宝近期的异常表现，认真回答医生的问题，配合医生的要求带宝宝到验血窗口抽血检测微量元素。

🌱 宝宝偏食、挑食竟然与缺锌有关

在上一小节的问卷中提到，缺锌会让宝宝胃口变差，出现偏食、挑食。那么，偏食、挑食跟缺锌又有什么关系呢？锌是唾液中味觉素的重要成分之一，而味觉素是我们感觉食物味道的重要物质。宝宝如果缺锌，就会使味觉素的合成减少，让宝宝对食物的味道不敏感，口味变得挑剔起来。然而口味越是挑剔，就越容易营养失衡，造成缺锌，而缺锌又会进一步加重偏食、挑食的坏毛病，偏食、挑食反过来再加重缺锌，如此形成恶性循环。

🌱 容易缺锌的人群，你家宝宝在其中吗？

萝卜白菜，各有喜好。缺锌也是如此，它总喜欢赖上这些宝宝：

1. 偏食、挑食的宝宝

3~6 岁正是宝宝发育的黄金时期，需要摄入全面均衡的营养。如果宝宝偏食、挑食，就会错失很多营养补充的机会，其中就包括锌。

2. 特别好动的宝宝

3~6 岁是宝宝"上蹿下跳"最欢的时候，尤其是男宝宝，喜欢跑来跑去、爬上爬下，不一会儿就大汗淋漓，而出汗是锌流失的重要途径。

3. 患有佝偻病的宝宝

佝偻病是钙严重缺乏的表现，它意味着宝宝需要补充大量的钙，这会使宝宝肠道吸收锌元素的能力降低，诱发缺锌。

4. 患有肠道疾病的宝宝

宝宝如果有肠道疾病，也会影响到身体对锌的吸收而造成锌摄入不足，时间久了就容易缺锌。

🌱 宝宝缺锌，食补是最佳方式

根据中国营养学会的推荐，1~10 岁宝宝每日锌的摄入量在 10 毫克左右。一般一个中等大小的生蚝（牡蛎）就能满足宝宝一天对锌的需求。

想要给宝宝补锌，我建议缺锌不严重的宝宝采取食补的方法，家长可适当让宝宝多吃一些海产品和动物内脏，它们是锌的理想来源。动物肝脏、牡蛎等贝壳类食物，瘦肉、硬奶酪、粗粮、坚果、蛋和豆类等，都是给宝宝补锌的不错选择。另外，蔬菜中的大白菜、白萝卜、黄瓜、土豆等也含有少量的锌，家长们可以用这些蔬菜搭配肉类，让宝宝的餐桌营养更加全面。

家长需要了解的富锌明星食材[1]

富锌明星	每 100 克食材中锌含量（单位：毫克）	富锌明星	每 100 克食材中锌含量（单位：毫克）
蛏子（干）	13.63	小核桃（熟）	12.59
羊肚菌	12.11	蛤蜊等贝类	11~12
猪肝	11.25	鱿鱼（干）	11.24
墨鱼（干）	10.02	牡蛎（鲜）	9.39
口蘑（干）	9.04	松子（生）	9.02
香菇（干）	8.57	兔肉	7.81
羊肉	7.67	牛肉	7.61
奶酪（干酪）	6.97	鸭肝	6.91
桑葚干	6.15	黑芝麻	6.13
葵花子（炒）	5.9~6.1	猪肝（鲜）	5.78

[1] 参考：《中国食物成分表》（2004），北京大学医学出版社。

🌱 药物补锌，一定要谨慎

如果宝宝缺锌程度比较严重，这时食补可能赶不上需求的节奏了，就需要用药物给宝宝补锌。有的家长像我妹妹一样，看到广告或听到别的家长说某种锌剂好就想着买来给宝宝吃，对此我持反对意见。自行给宝宝吃锌剂，容易因为把握不好量和服药的时长而导致锌过量，引起呕吐、头痛、腹泻、抽搐等症状，并可能损伤大脑神经元，导致记忆力下降，还有可能抑制人体对铁、铜、钙等营养素的吸收，引发其他疾病。所以给宝宝吃锌剂，家长一定要严格地在医生的指导下进行。

当然，医生给宝宝开了锌剂后并不意味着"一劳永逸"，你需要按照医生的嘱咐，在约定好的时间带宝宝进行复查，医生会根据宝宝当时的身体情况合理安排服药的量和停药时间。

常见锌剂，哪种更适合你家宝宝

有 机 锌

生 物 锌

代表产品：葡萄糖酸锌、甘草锌

代表产品：蛋白锌

有机锌口服后主要由小肠吸收，并被"分配"至肝脏、心、肾以及肌肉、中枢神经系统、骨骼、皮肤等全身各个角落，吸收利用率较高，对肠胃的刺激也小，是目前公认的安全的锌剂。

蛋白锌也叫锌蛋白、锌结合蛋白，是蛋白质和锌的"结晶"。蛋白锌在胃中不会析出锌离子，不会对肠胃造成不良刺激，非常适合肠胃娇弱的宝宝。不过蛋白锌也有不足的地方——锌含量不高，吸收率、生物利用率也因蛋白质来源不同而千差万别。

只买对的，不买贵的。给宝宝吃锌剂也一样，吸收利用率高是最合适的。那么，这两种类型的锌剂，你选哪一种呢？不知道选哪个也没关系，可以向医生咨询。

 唠唠唆唆带娃经

给宝宝吃锌剂也是有禁忌的：一是锌剂不要跟牛奶同时服用，因为牛奶中的钙会与锌争夺运输载体，影响到锌的吸收利用，建议喝牛奶1小时后再补锌剂或服用锌剂1个小时后再喝牛奶；二是钙剂和锌剂不可同时服用，如果两种元素都要补充，建议上午吃钙片，下午吃锌剂，或者是保证两者间隔至少30分钟。

香酥苹果派

材料	苹果1个，饺子皮若干，熟黑芝麻10克，柠檬1/2个。
调料	冰糖、水淀粉各少许。

咬一口，鲜香酥脆；再咬一口，淡淡的甜……

开始做饭喽!

1　苹果洗净，去皮，然后把果肉切成小丁。

2　把苹果丁放入锅里，加入适量清水，大火煮沸后转小火，然后放入冰糖煮化。

3　冰糖煮化后继续煮5分钟，加入熟黑芝麻，用少许水淀粉勾芡，直至酱汁浓稠，苹果酱就熬好了。把苹果酱倒进盆里放凉，然后往里面挤入柠檬汁，苹果酱更香了。

4　取一张饺子皮，在上面放上一勺苹果酱，摊平，盖上另一张饺子皮，然后用拇指和食指将饺子皮上下边缘捏紧，苹果派的雏形就出来了。

5　开始捏漂亮的花边：把右手拇指放在边缘的一个地方，食指放在下方与拇指相对，然后两根手指用力，把边缘的一角按照斜45°左右的角捏下，接着往上翻，再呈45°斜角捏下。按照上面的方法转动苹果派，漂亮的花边就做成喽。用同样的方法把剩下的苹果派做好（可以让宝宝和你一起捏，捏他喜欢的形状就好）。

6　平底锅加入少许油，小火加热至微微冒烟，放入苹果派，煎至两面金黄就可以啦。

营养细细看 ☺

苹果含有果胶、钾、锌、维生素C等多种营养物质，所散发出来的淡淡香气有宁心安神、促进睡眠的作用。对于宝宝来说，苹果是补锌佳品，其锌含量在蔬果中排名前列，也容易被肠壁吸收。

换着花样吃 🍒

你可以多做一些苹果酱，放在冰箱里可以保存一周。早餐时抹在馒头或面包片上，酸酸甜甜的很开胃。也可以用温水冲成茶饮给宝宝喝，味道很不错呢。

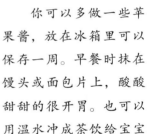

金针菇
牛肉卷

金针菇总用来煲汤？玩玩新花样，一朵朵"小花"真漂亮，不知道宝宝会吃几朵呢？

材料

肥牛片 6~8 片
鲜金针菇 1 袋
（200 克左右）
彩椒 50~100 克
黄瓜 50~100 克
姜适量

调料

淀粉适量
橄榄油适量
黑胡椒粉少许
料酒少许
酱油少许
盐少许
白糖少许

开始做饭喽！

① 姜洗净，用压蒜器压成末；淀粉一部分加水调成水淀粉，淀粉跟水的比例是 1：7~10；肥牛片解冻后小心摊开，不要弄破，要保持完整。

② 把姜末、料酒、酱油、黑胡椒粉、盐、干淀粉一起放入一个碗里搅匀，再放入肥牛片浸泡 5 分钟，使之蘸上料汁。

③ 切掉金针菇的根部，然后放进淡盐水里浸泡 10 分钟，捞起用清水冲两遍，沥干水。

④ 把烤箱上下火预热 160℃（一般需要 5 分钟左右），在等的期间你可以做肥牛卷：把金针菇分成若干等份；肥牛片平铺，放上金针菇，然后卷起来，用牙签把边缘固定好。全部卷好后竖直放在涂抹了橄榄油的烤盘上（金针菇的根部在底下，菌伞在上）。

⑤ 把烤盘放入预热好的烤箱烤 15 分钟后取出，去掉牙签，逐一放在小盘的周围。

⑥ 彩椒洗净，去掉蒂、籽，切成丁；黄瓜洗净切丁。炒锅里放入少许橄榄油，小火加热至微微冒烟，然后下彩椒丁、黄瓜丁翻炒至黄瓜微微变色，加少许盐、白糖、黑胡椒粉调味，再放少许水淀粉勾芡、收汁，倒进盛有牛肉卷的盘子中间就可以啦。

鲜牡蛎菜丝蛋饼

材料

新鲜牡蛎 500 克
鸡蛋 2 个
胡萝卜 1 段
小葱适量

调料

蚝油适量
盐适量

宝宝不爱吃饭？试试香软鲜美的鲜牡蛎菜丝蛋饼，让宝宝被美食"俘虏"吧。

开始做饭喽！

1. 鸡蛋打散，放少许盐搅匀；小葱洗净，切末，放入蛋液中搅匀；胡萝卜去皮，洗净，切碎，放入鸡蛋液中搅匀；先用刷子把牡蛎的外壳洗刷干净，然后用刀背在牡蛎的缝隙打下一个豁口，接着将刀尖插入豁口，贴着边将牡蛎撬开，用水洗净，再用刀尖紧贴着壳碗底面，将牡蛎肉剔下来。

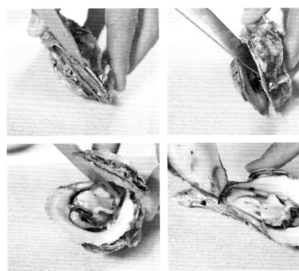

2. 牡蛎肉洗净，加少许蚝油、盐抓匀，腌制10分钟。

3. 在平底锅里倒入适量油烧热，放进牡蛎肉，用小火慢煎3分钟左右，沿着牡蛎的边缘缓缓倒一圈蛋液，剩余的倒在中间。倒蛋液时来回轻轻晃动锅子，让蛋液向牡蛎靠近。

4. 蛋液即将凝固时将火关小，将蛋饼烘干盛出，对半切开，再对半切，反复几次切成三角小块，盛入盘中即成。

营养细细看 ☺

牡蛎被称为"海里的牛奶"，营养价值很高，特别是锌的含量，可以说是所有食物中的翘楚。经常给宝宝吃牡蛎，有很好的补锌作用哦。再搭配富含蛋白质、铁、锌等多种营养素的鸡蛋，以及富含维生素、膳食纤维的胡萝卜，不仅看起来养眼，营养也很全面，能帮助宝宝长个子。

换着花样吃 🍒

可以把牡蛎换成扇贝、蛤蜊，味道鲜美，补锌的效果也是棒棒的。你还可以把牡蛎肉汆水之后跟胡萝卜、紫甘蓝一起炒，或者煮汤，味道也很赞。

蚝油青豆
雪花牛排丁

有一段时间小外甥不知道怎么了，对西餐特别迷恋。我担心餐厅里的牛排做得油腻，决定还是自己做，再搭配一些蔬菜，好看又好吃。配什么好呢？问问小外甥，他很高兴自己能发表意见："胡萝卜吧，很好看哦，再来点儿绿的，就青豆吧，不是说红花配绿叶吗？"于是，在小外甥的建议下，有了这道蚝油青豆雪花牛排丁。菜上桌之后，小外甥赞不绝口，说舅舅做得比餐厅好多了，必须点赞！

雪花牛小排 300 克
新鲜嫩青豆 50 克
胡萝卜 50 克
蒜 4 瓣
葱少许
姜少许

调料

色拉油适量
蚝油 2 大勺
盐 3 克
黑胡椒粉适量
生抽少许
白糖少许
高汤（或清水）少许
芝麻油少许

开始做饭喽！

1　雪花牛小排先切成条，然后切成 1 厘米见方的丁，用清水冲洗掉血水，然后沥干水。

2　牛排丁放进碗里，加少量盐和黑胡椒粉，腌制 20 分钟；烧一锅开水；胡萝卜洗净，切 1 厘米左右的厚片，然后切成条，再切成丁；青豆洗净，然后与胡萝卜丁一起放入开水锅里焯 30 秒钟，捞出来之后迅速冲冷水过凉，沥干水；葱、姜洗净，切末；蒜去皮，切薄片。

3　大火将平底锅烧热，放入牛排丁，小火慢煎，让牛排慢慢渗出油脂，利用这些油脂把牛排丁煎到微焦，盛起备用。

☄ 如果煎牛排丁的过程中感觉牛排有些干，可以加少许油。

4　锅继续加热，油热后放入葱姜末和蒜片炒香，放入青豆、胡萝卜丁，大火快炒 2 分钟左右。

5　倒入牛排丁，加少量高汤或清水，大火烧开，水渐干时放入蚝油、盐、白糖、生抽，翻炒均匀，淋少许芝麻油，撒一点点黑胡椒粉，就可以出锅啦！

一道变多道

变 蚝油青豆雪花牛肉粒
缤纷洋葱牛排丁

可以把青豆换成红、黄、青椒，对促进锌的吸收、预防和缓解便秘很有好处呢。

> 青豆→红、黄、青椒各 50 克，洋葱 30 克

1 按照"蚝油青豆雪花牛肉粒"的方法将牛肉块煎好。

2 红、黄、青椒洗净，切成丁；洋葱洗净，切丁。

3 锅中留底油，入葱末、姜末、蒜片炒香，放入牛排丁、洋葱丁和红、黄、青椒丁翻炒，当洋葱颜色变透明时，加入调料炒匀，淋芝麻油，撒一点点黑胡椒即可。

变 蚝油青豆雪花牛肉粒
蚝油杏鲍菇雪花牛排丁

把青豆、胡萝卜换成口感鲜嫩的杏鲍菇，再加点儿红甜椒添添风采，也很受宝宝的欢迎。

> 青豆→杏鲍菇 50~100 克，洋葱、红甜椒各 50 克。

1 杏鲍菇洗净，切成和牛小排差不多大小的丁。另备洋葱 1 块和红甜椒 1/2 个，洗净后切小块。

2 按照"蚝油青豆雪花牛肉粒"的方法将牛排丁煎好。

3 锅中放少许色拉油烧热，先放洋葱丁、葱末、姜末、蒜片炒香，再放入牛排丁、杏鲍菇翻炒至杏鲍菇变色，然后放入红甜椒丁翻炒 3~4 分钟。

4 加调料翻炒至食材熟透，撒黑胡椒粉炒匀即可。

营养细细看 ☺

给宝宝补锌，不一定非得是海产品，牛肉也含有不少锌，还含有丰富的铁。这道菜里加入了胡萝卜、青豆，胡萝卜的营养价值就不用多说了吧，它含有的胡萝卜素在身体里能转化成维生素A，对宝宝的视力很有好处呢；青豆中的微量元素含量比较多，它们对宝宝造血以及骨骼、大脑的发育都很有好处。简单的一道菜，营养却这么多，所以家长们给宝宝准备饭菜一定要注意荤素搭配。

换着花样吃 🍒

牛排不一定非得切成丁，你可以咨询宝宝的意见，切成他想要的样子。也可以请宝宝帮帮忙，用模具做出不同造型的胡萝卜，可爱的造型加上自己的劳动，宝宝会很开心的。

131

补硒 宝宝不近视、少生病，满满都是正能量

硒对我们的健康尤其是宝宝的生长发育非常重要。现在，我们就一起来了解一下硒对宝宝的重要性，以及如何安全地给宝宝补硒。

❤ 宝宝的成长与健康不可忽视硒的力量

硒是人体必需的微量元素，对宝宝的成长有着诸多益处。

1 保护宝宝眼睛，让宝宝不近视

硒是视网膜的重要组成部分，它在视网膜里的含量在 7 微克左右，是视网膜里的"警报"和"开关"装置，能减少强光和辐射进入眼内，保护视网膜，减少近视的发生。

2 保证宝宝的正常发育和能量供应

身体里的各个组织器官对硒的使用是按照以下顺序来的：脑和睾丸→肾脏、心脏、肝脏和血浆→骨骼、肌肉和红细胞。还有，宝宝吃进去的食物，需要经过含硒酶的酶促反应才能转化成身体需要的能量。可以说，宝宝各个组织器官的发育以及生命活动需要的能量都离不开硒。

3 是宝宝生长激素正常分泌的"必需品"

甲状腺激素代谢保持正常离不开硒的支持，而甲状腺代谢正常是宝宝生长激素正常分泌的基础。如果硒不足，可导致甲状腺代谢异常，继而使宝宝的生长激素分泌减少，这会让宝宝出现智力低下、骨骼发育不良等严重状况。

4 提高宝宝免疫力，让宝宝少生病

硒能让宝宝的免疫系统更加坚固，抵挡住病毒的攻击，还能提高免疫细胞的活性和血液中的抗体水平，帮助宝宝预防和缓解多种疾病。

　　硒是微量元素中的排毒能手，它能帮助宝宝排出体内多余的铅，使宝宝体内环境更加"绿色环保"。

❤ 看表现，宝宝缺硒的症状

　　如果宝宝偏食、挑食，身体里缺硒，他会有哪些表现呢？请看下面这个图标，数一数，看一看，如果你家宝宝的表现跟下面的症状相似或相同，就要考虑是不是缺硒了，如果超过 3 个就要及时到医院检查确认。

胃口差，看到不喜欢吃的食物时特别抗拒

头发稀疏，看起来干枯毛躁

免疫力差，经常发烧感冒，反反复复比较难痊愈

跟同龄宝宝相比，宝宝看起来要瘦小

宝宝缺硒

反应迟钝，不够灵敏

好动，不论做什么事情不能坚持1分钟以上

记忆力差，前不久看过的东西就忘记了

心律失常、心动过速或者其他心血管问题

❤ 宝宝缺硒，食补是最佳方式

中国营养学会建议，3~6 岁宝宝每天需要摄入 40 微克左右的硒。动物内脏、海产品都是硒的良好来源，小麦、玉米、大米、豆类等谷类食物也含有大量的硒，还有菜花、西蓝花、大蒜、洋葱、百合、蘑菇等也含有一定量的硒，家长可以自由发挥，搭配出色香味俱全的补硒餐（多种食物混搭，能补硒，也能纠正宝宝偏食、挑食）。

家长需要了解的富硒明星食材[1]

富硒明星	每 100 克食材中硒含量（单位：毫克）	富硒明星	每 100 克食材中硒含量（单位：毫克）
鲑鱼籽酱	203.09	猪肾	156.77
鱿鱼（干）	156.12	海参（干）	150
蛏子（干）	121.2	墨鱼（干）	104.4
松蘑（干）	98.44	金枪鱼（油浸）	90
牡蛎	86.64	海蟹	82.65
扇贝（干）	76.35	虾米	75.4
虾皮	74.43	小麦胚粉	65.2
鸭肝	57.27	海虾	56.41
红茶	56	小黄鱼	55.2
蛤蜊	54.31	鸡肝	38.55

[1]参考：《中国食物成分表》（2004），北京大学医学出版社。

❤ 药物补硒一定要慎之又慎

一般来说补硒最好食补，坚持让宝宝吃上一段时间的富硒食物，基本上能纠正缺硒的现象。但是，如果缺硒严重，就需要在医生的指导下给宝宝服用硒制剂了。在服用硒制剂之前，一定要明确告诉医生家中的饮食安排情况，医生会根据你家的饮食进行调整，以避免硒过量或饮食与药物发生冲突的现象。切忌自行给宝宝补充硒制剂，硒补过量会导致维生素 B_{12}、叶酸和铁代谢紊乱，对宝宝的健康、智力发育都有不良的影响。

开始做饭喽！

1 **让宝宝帮忙泡粉丝、洗扇贝：**用小牙刷沿着扇贝外壳表面的纹路把扇贝刷干净。

2 用水果刀尖端把扇贝撬开，去掉一边壳，然后在扇贝肉表面均匀地撒盐、胡椒粉，放上粉丝。

3 蒜去皮，用压蒜器压成蓉。

4 **接下来开始做芝士汁：**平底锅用中火烧热，放入黄油熔化，放入蒜蓉炒香，再放中筋面粉，不停搅拌成面糊，接着倒入牛奶搅拌至没有颗粒，加芝士煮至化开，加少许盐、胡椒粉调味就可以了。

5 烤箱预热150℃。预热时把粉丝扇贝放进烤盘里，并淋上芝士汁。等烤箱预热好了，把扇贝放进去烤15分钟左右取出就可以了。

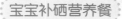

芝士汁
粉丝焗扇贝

材料

扇贝 5 只
粉丝 50 克
蒜 3 瓣
车打芝士 60 克
中筋面粉 20 克

调料

黄油 30 克
牛奶 200 毫升
盐适量
胡椒粉适量

营养细细看 ☺

扇贝是硒的良好来源，还富含锌，对宝宝的大脑发育有益。

换着花样吃 🍒

如果宝宝不喜欢芝士的味道，可以用蚝油、酱油、蒜蓉拌匀后加热以代替芝士汁，味道也不错。

金枪鱼彩粒碗

材料 蛋挞皮 4~6 个，番茄沙司 10~15 克，油浸金枪鱼罐头 50 克，豌豆 50 克，罐装甜玉米 50 克，胡萝卜 50 克，奶酪适量。

调料 盐、橄榄油、色拉油各少许。

开始做饭喽！

1. 豌豆用清水泡 30 分钟左右，看到豆粒泡大就可以了；胡萝卜洗净，切成丁；奶酪切成粒。

2. 锅中放入清水，加少量色拉油和盐，中火烧开，放入豌豆、胡萝卜丁焯 2 分钟，捞起备用。

3. 金枪鱼加入豌豆、甜玉米粒、胡萝卜丁和少许盐拌匀。

4. 烤箱预热 180℃。同时准备蛋挞皮，内壁刷少许橄榄油烤 5 分钟，接着把做法 3 拌好的材料分成若干份分别放进蛋挞碗，撒奶酪粒，放回烤箱烤 5 分钟，最后淋上番茄沙司即可。

扑面而来的香气，新颖的造型靓丽的色彩，不论哪一样都很诱人！

营养细细看 ☺

提起金枪鱼，相信很多家长都不陌生，鱼肝油就是从它身上提取的。鱼肝油的用处就不说了，我们重点来看看金枪鱼的补硒作用。根据资料显示，每 100 克金枪鱼可食部分含有 90 微克的硒，含硒量这么高，肯定是宝宝补硒的理想选择。再配以胡萝卜、豌豆、玉米等蔬菜，营养价值更高。

换着花样吃 🍒

可以把金枪鱼和其他蔬菜炒熟之后与米饭拌匀，然后放在面包碗里，中西结合味道也不错。还可以直接把金枪鱼和蔬菜放在两片面包之间，然后对切成三角形，新鲜的金枪鱼三明治就出炉啦。

照烧鱿鱼叉烧饭

材料

鲜鱿鱼 1 条
米饭 1 碗
青椒 1 个
红椒 1 个
洋葱 1/2 个
冬菇 2 朵
叉烧肉 1 小块
姜 1 小块

调料

料酒适量
酱油适量
寿司酱油适量
油适量
味啉适量
清酒适量
蜂蜜适量
盐适量
小苏打适量

哇，鱿鱼竟然可以这么做！宝宝肯定会喜欢的，赶紧动手试试吧。

开始做饭喽！

1　**处理鱿鱼：**把鱿鱼脑袋切下，鱿鱼筒千万不要剪开，直接伸手进去掏内脏就好，去掉软骨，撕掉黑皮；切开鱿鱼的脑袋，弄出鱿鱼的嘴，然后抠掉眼睛，撕掉爪上的皮，撸掉爪上的吸盘。

2　鱿鱼加 2~3 勺小苏打搓揉 3~5 分钟，洗净；姜切薄片，放进鱿鱼碗里，加料酒、酱油腌制 30 分钟。

3　**熬照烧酱：**将寿司酱油、味啉、清酒、蜂蜜按照 3：1：1：1 的比例放进锅里，小火加热熬至剩一半的量，酱汁变得浓稠，照烧酱就熬好了。

4　叉烧肉切细粒；青椒、红椒去蒂、籽，洗净，切成小丁；冬菇洗净，去掉柄，切成跟青红椒一样大小的丁；洋葱去老皮，洗净，切成丁。

5　烤箱 200℃预热。预热烤箱的同时炒一下食材：锅里放入适量色拉油加热，然后放入叉烧肉粒、菜丁、米饭和少许盐炒匀。

6　把炒饭填入鱿鱼空筒内，每放 2~3 勺要压一压，直至填满，放在烤盘上，在鱿鱼筒头部的地方放上鱿鱼须，然后刷一层照烧酱，放进烤箱里烤 20 分钟，取出来凉至温热后切成 1~2 厘米厚的片，摆在盘子正中间，淋上照烧酱就可以了。

看，我家小外锡的杰作，漂亮吧？
你的宝贝也能做出这么有型的饭。

鲜虾米饭沙拉

材料	米饭 1 碗，鲜虾 4 只，豌豆、甜玉米、胡萝卜各 15 克。
调料	盐、橄榄油各适量。

开始做饭喽！

1. **取虾仁**：虾先用清水清洗一遍，如果是活的，就放在冰箱的冷冻室里冻 20 分钟左右后取出，接着用手拧掉虾头，去掉前面两节虾壳，然后一手抓住虾的身体，一手抓住虾尾，轻轻一扯，虾仁就轻松剥好了。

2. **去肠泥**：从虾仁头部剪开，用手或牙签把黑线挑出来。

3. 虾仁处理好之后，用清水冲洗干净，剁碎。胡萝卜洗净，切成丁。接着把炒锅放在灶上，加入少量色拉油烧至微微冒烟，下虾仁碎，用中火迅速翻炒到变色，下胡萝卜丁继续翻炒 2 分钟，关火。

4. 锅里放少许水烧开，下豌豆、甜玉米粒焯 2 分钟左右，捞出沥干水，放入步骤 3 的锅里，接着放入米饭，加一点点盐，搅拌均匀。

5. **剩下的环节你可以让宝宝帮忙**：让他选自己喜欢的模具，拿着刷子在模具内壁刷一层橄榄油，然后拿着勺子把米饭盛进模具里压紧成饭团，再倒扣在盘子里就可以了。

营养细细看 ☺

这道宝宝餐用最普通的大米饭配上富含硒的虾仁，以及口感爽脆、富含维生素、膳食纤维的豌豆、甜玉米、胡萝卜，立马就变得"高大上"起来，不仅口感细嫩，味道甜鲜，而且丰富的营养能为宝宝的成长添砖加瓦。赶紧做给宝宝吃吧！

换着花样吃

你可以把米饭平铺在紫菜上，然后卷起来做成寿司。也可以用鳕鱼肉、蟹柳、肉松等代替虾，营养和口感都丝毫不逊色哦。

橙香汁
煎银鳕鱼

营养师
笔记

每次吃鱼，小外甥总是一副很嫌弃的表情，甚至有时候还捏着鼻子挥手冲我们喊："拿开，拿开！"因为他觉得鱼有股腥味。这次做鳕鱼，我"学乖"了——让小外甥帮忙解决鱼腥味。小外甥虽然调皮，但很热心，很愿意帮我们解决这些问题。他想了想，觉得自己平时喜欢的橙汁不错，"恩惠"我试试，剩下的橙汁他还能喝。好吧，其实他的目的在于橙汁。那就满足他一回，做一道橙香汁煎银鳕鱼，记住一定要选用鲜榨果汁，不论做菜还是让宝宝喝都可以放心。

材料

银鳕鱼 100 克
洋葱 1 块
甜橙 1/2 个

也可以多准备一些用来榨橙汁喝，酸酸甜甜的，宝宝肯定喜欢。

调料

盐少许
黑胡椒粉少许
橄榄油少许
鲜酱油少许

开始做饭喽！

1　鳕鱼块解冻一下，等鳕鱼肉稍微变软但又没完全变软时，把鳕鱼块立起来，然后一分为二，切成 2 个厚片。

2　在鳕鱼厚片的两面都撒上一点点盐和黑胡椒粉，抹匀后腌制 10 分钟左右（如果家里有葡萄酒，也可以滴几滴）。

3　在腌制鳕鱼期间，你需要做的事情不少：把橙子洗净。洋葱洗净，切小块。甜橙对切，然后把橙子肉和皮分离，把皮内的白色瓤刮干净，取黄色皮，用盐搓 1 分钟，冲洗干净后切成细丝；橙子肉捣烂，用干净的纱布绞汁，去掉渣。

4　平底锅里放适量橄榄油烧热，放入洋葱块炒至透明，盛出铺在盘底。

5　锅洗净，再加少许油烧热，放入鳕鱼块，小火煎至两面金黄，然后盛在洋葱上，再放少许橙丝。

6　锅里加油烧热，放入橙丝，用中火翻炒 1 分钟左右，倒入橙汁，淋入少许鲜酱油，用大火将汁收到一半，最后淋在鳕鱼块上就可以了。

变 橙香汁煎银鳕鱼
柠汁烤鳕鱼

我很喜欢用烤的方式来做鳕鱼，因为它用油少，而且能保留食物的原汁原味。这里我用柠檬代替了甜橙，其实两者都是维生素 C 的仓库，只是柠檬的清香和甜橙的香甜味道不一样。

甜橙→柠檬 1/2 个

1　柠檬对半切开，切 2~3 片薄片放在盘子里备用，其余挤汁。

2　按照 "橙香汁煎银鳕鱼" 做法 1 把鳕鱼切好，然后取一部分柠檬汁与盐、胡椒粉拌匀，抹在鳕鱼的两面，腌制 10~15 分钟。

3　按照 "橙香汁煎银鳕鱼" 做法 3 处理好洋葱。

4　烤箱设置 190℃预热。在预热期间，你需要做一些准备工作：在烤盘上铺好锡纸，摆上腌好的鳕鱼。等烤箱预热好之后，放入烤盘烤 30 分钟。

5　烤鳕鱼的同时炒洋葱，方法参照 "橙香汁煎银鳕鱼" 做法 4，把洋葱炒至透明后盛在盘底。

6　鳕鱼烤好之后分成几个小块，摆在洋葱上，再放上柠檬片做装饰，浇上剩余的柠檬汁就可以了。

营养细细看 ☺

家长们对鳕鱼不陌生吧？它肉质很鲜美，而且营养价值也不低，蛋白质含量比三文鱼、鲳鱼、带鱼都要高，而脂肪含量却很低，很适合宝宝吃哦。对于缺硒的宝宝来说，鳕鱼还有一个很重要的作用，那就是补硒——每 100 克鳕鱼能提供 33.1 微克的硒，家长不妨每周给宝宝吃 1~2 次鳕鱼，坚持吃一段时间，能很好地帮宝宝预防和纠正缺硒的情况。

换着花样吃

煎鳕鱼感觉有些油？可以把它放进锅里蒸或放烤箱里烤，味道也都很不错，而且清淡香甜，能让宝宝吃到原汁原味的鳕鱼呢。

补碘 抓住最佳补碘期，让宝宝拥有最强大脑

说到碘，很多家长第一反应就是缺碘容易得"粗脖子"病。其实，碘的作用不仅如此，它还是宝宝身体和大脑发育不可或缺的微量元素，如果宝宝缺碘，那可是摊上大事儿了。

碘与甲状腺"配合"分泌的甲状腺素，能促进宝宝身体的新陈代谢，让宝宝健康成长。

宝宝大脑神经细胞的生长依靠甲状腺素的支持，而甲状腺素的分泌需要碘。

宝宝和碘

碘参与蛋白质的合成，能帮助宝宝增强肌肉收缩的能力。

宝宝眼部组织也离不开碘，它能活跃宝宝眼部的新陈代谢，帮助宝宝预防近视。

🌱 小心！这些症状可能是宝宝缺碘导致的

碘对宝宝来说这么重要，一旦缺乏，会表现出什么症状？以下内容可供参考：

1 太省心

缺碘的宝宝很"老实"，大人把他放哪儿他就老老实实地不动，即使大人没有按时安排吃饭也不哭不闹，甚至能坚持几个小时。

2 粗脖子

"粗脖子"学名叫甲状腺肿大，因为生病后脖子粗大而得名。如果发现宝宝的脖子粗大，说明宝宝缺碘了，需要去医院做进一步检查。

3 个子矮、瘦弱

缺碘的宝宝甲状腺素分泌不足，代谢慢，生长发育速度也就缓慢，常常比同龄的宝宝个子矮、瘦弱，而且皮肤发凉、浮肿，哭时声音无力、嘶哑。

4 消化不好

缺碘的宝宝代谢慢，对食物的消耗也就慢，很容易出现腹胀、便秘等肠胃问题。

❧ 宝宝缺碘，食补是最佳方式

根据世界卫生组织的推荐，儿童每日的推荐碘摄入量为 90~120 微克。这些碘大部分都可以从食物、水中获取，我们常吃的蛋类、奶类以及海带、海藻、紫菜、蛤蜊、海参等海产类是碘的理想来源。

家长需要了解的富碘明星食材[1]

富碘明星	每 100 克食材中碘含量 （单位：毫克）	富碘明星	每 100 克食材中碘含量 （单位：毫克）
裙带菜（干）	15878	紫菜（干）	4323
海带（鲜）	923	虾皮	264.5
海鱼	80~100	豆腐干	46.2
鹌鹑蛋	37.6	牛肉	24.5
菠菜	24	茶树菇	17.1
南瓜子	11	核桃	10.4
大豆	9.7	青椒	9.6
杏仁	8.4	猪肉	1.7

[1]参考：《中国食物成分表》（2004），北京大学医学出版社。

🌱 碘盐补碘，用对方法很重要

补碘还有一个快捷方式——吃用碘盐做的菜。但用碘盐补碘，家长们首先要明确，碘盐只是作为调味品使用就能起到补碘的作用，而不是为了补碘专门吃碘盐或增加碘盐的用量，碘盐的用量每天不能超过 6 克。用碘盐补碘，还需要注意以下问题：

- 选购贴有碘盐标志的
- 碘元素容易挥发，要买小包装的碘盐

- 随吃随买，不要囤货
- 炒菜、做汤时出锅前放盐，补碘效果最好

- 保存时宜放在有盖的棕色玻璃瓶或瓷缸里，以防挥发

- 放在阴凉、干燥的地方保存

🌱 补碘，适量才是最好的

跟所有的营养物质一样，碘缺了不行，多了也不行。碘补过量了，也容易导致"粗脖子"病，还可导致高碘性甲亢。研究还发现，补碘过量也会影响到智力的发育，使宝宝出现记忆力下降的情况。所以给宝宝补碘的同时也要防止过量。一般来说，食物补碘，即使食物中的碘含量多了，家长们也不用过于紧张，因为肠胃对食物中营养的吸收并不是 100% 的，再加上一部分碘会跟随大小便排出体外，所以建议家长们尽可能采用食补的方式给宝宝补碘。如果宝宝有"粗脖子"病，缺碘严重时，需要严格遵医嘱给宝宝吃药，切忌随意给宝宝补碘。

开始做饭喽！

1. **宝宝的动手时间**：让宝宝帮忙洗香菜。香菜泥比较多，你可以让宝宝反复洗几次。也可以让宝宝用网勺洗虾皮和紫菜。

2. 鸡蛋磕入碗内，一手拿一双筷子，一手拿着碗，拿着碗的手倾斜，然后用筷子顺着一个方向把鸡蛋打散；香菜切碎。

3. 锅里加入适量水烧开，放入紫菜、虾皮煮1分钟左右，然后用画圈的方式把鸡蛋液慢慢倒入锅中，等几秒钟蛋花略微成形就搅散，能搅出漂亮的蛋花。最后加碘盐、芝麻油，撒入香菜碎调味就可以了。

虾皮
紫菜蛋汤

材料

紫菜10克
鸡蛋1个
虾皮适量
香菜适量

调料

碘盐少许
芝麻油少许

营养细细看 ☺

紫菜含碘量很高，是补碘的首选；鸡蛋富含蛋白质、铁、镁等多种营养素，与紫菜一起做汤，可谓"强强联合"。

换着花样吃

如果没有紫菜的话，可以换成海带。

紫菜蛋卷

紫菜和鸡蛋只能做汤?
换个花样吧, 宝宝会更爱吃饭。

材料

紫菜 1 张
猪瘦肉馅 100 克
鸡蛋 2 个
韭菜 25 克
葱少许
姜少许

调料

水淀粉适量
盐适量
料酒适量
香油适量

150

开始做饭喽！

1　韭菜去掉老叶，洗干净，切末；葱、姜洗净，切末。

2　把猪肉馅、葱末、姜末放进盆里，加入水淀粉、料酒、香油和少许盐，磕入1个鸡蛋，然后顺着一个方向搅打直至肉馅儿黏稠，然后加韭菜末，用盛饭的勺子上下拌匀。

3　将另一个鸡蛋磕入碗里，加少许水淀粉、盐搅匀。把平底锅放在灶上，用中火烧至锅热而不烫，倒少许油摇匀，然后倒入鸡蛋液来回摇匀，使蛋液均匀地铺在锅底，摊成蛋皮，盛起放在干净的案板上。

4　把猪肉韭菜馅儿抹在蛋皮上，然后放上一张紫菜，再铺一层猪肉韭菜馅儿，接着将两侧向里折一个小边，再从两头向中间卷起，至中间合拢，用净纱布扎好，入蒸锅隔水蒸约30分钟至熟透，取出凉至温热，切成小段，放进宝宝喜欢的小盘里就可以上桌了。

鸡肉海藻秋葵温沙拉

材料

鸡胸肉 300 克
海藻 50~100 克
秋葵 3 根
蒜 3~5 瓣

调料

烹大师调料
（干贝风味）1 小袋
芝麻酱适量
色拉油适量
玉米淀粉少许
乌醋适量

乌醋也叫永春老醋或福建红糟醋，是福建传统名特调味佳品。

海藻、秋葵的清脆口感搭档热乎乎的鸡肉条，不热不凉，做好马上就能吃，性急的宝宝不用等待。

开始做饭喽！

1. 秋葵洗净，去掉蒂；蒜去皮，用压蒜器压成蒜蓉。

2. 烧开一锅水，放入秋葵焯2~3分钟，捞出过凉水，切厚片。

3. 海藻用清水反复洗几遍，也放进开水锅里焯1分钟，捞出来过凉，接着剪成适当的长度，沥干水备用。

4. 鸡胸肉切小条，加玉米淀粉抓匀，静置5分钟。

5. 平底锅放灶上，开小火加热至锅热，然后下色拉油加热到起泡，接着放蒜蓉、芝麻酱炒香，倒入1碗水，搅匀，用中火煮开，再倒入烹大师调料、乌醋搅匀，沙拉酱就做好了。

6. 鸡肉条放入开水锅中煮至颜色发白，捞起沥干。

7. 处理好的材料按照"海藻→鸡肉条→秋葵"的顺序码放在沙拉碗里，然后淋上做好的沙拉酱就可以了。

营养细细看 ☺

给宝宝补碘，海藻也是不错的选择。海藻翠绿的外表，清脆的口感，无不吸引着宝宝。不仅如此，海藻还可以为宝宝提供丰富的蛋白质、维生素B_{12}、维生素C、烟碱酸、钾、镁以及多种氨基酸和人体必需的脂肪酸，这些物质对宝宝的生长发育和身体健康都很有好处。

换着花样吃 🍒

把海藻换成海带，把海带切成丝或打成结，焯水后跟鸡肉条、秋葵一起凉拌，脆脆的也很好吃，补碘效果也不错。还可以试着加一些坚果，如核桃、腰果之类的，让这道菜里的脂肪酸构成更多，对宝宝的健康和发育更为有益。

"不能让宝宝输在起跑线上"，这句话成了家长们的口头禅，我妹妹当然也不例外。小小的孩子刚上幼儿园就报了 4 个兴趣班，老妈看不过去了才加以制止。其实，在我看来，学很多东西不如有一个好的身体，身体好了大脑的反应能力自然就上去了，人也就变聪明了。而吃得对是身体好的重要条件之一，家长怎么做才能让宝宝吃得对吃得好呢？看看这一章的"特效"食谱，都是我的一些经验总结，欢迎家长们补充。

健脑益智，让宝宝越吃越聪明

看本小节的标题，不用多说，就是针对宝宝大脑发育的。在说这个话题之前，我们一起来了解一下大脑的构造和左右脑的功能分配。

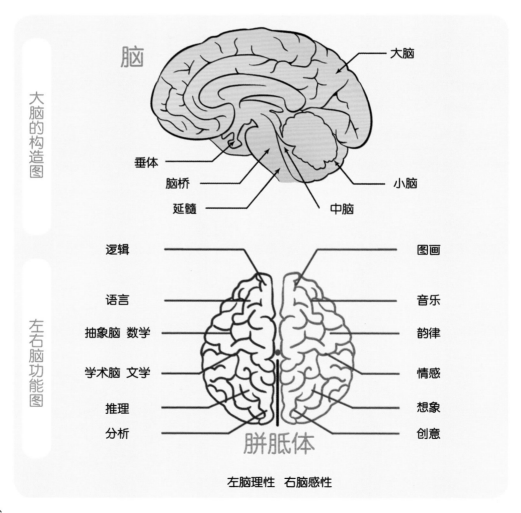

大脑的构造图

脑

大脑

垂体

脑桥

延髓

中脑

小脑

左右脑功能图

逻辑

语言

抽象脑 数学

学术脑 文学

推理

分析

图画

音乐

韵律

情感

想象

创意

胼胝体

左脑理性 右脑感性

看了上面的两张图，是不是觉得一目了然？我们的脑部包括大脑、间脑、小脑和脑干，大脑又分左、右脑两个部分，左脑负责语言和抽象思维，右脑主管形象思维（如音乐、图像、整体性和几何空间鉴别等）。不论是左脑还是右脑，它内部的神经细胞和身体里的其他神经细胞交换信息，互发信号，使得我们思考、感觉和运动，并自动控制这些行为的进程。

当然，大脑并不是我们一出生就是现在这个样子的，它要经历好几个阶段的发育，最终达到成人的水平。其中，3~6 岁是大脑发育的黄金期，家长一定要抓住这个时机，给宝宝大脑的发育提供最佳的"后勤保障"。

❤ 好神奇！ 0~6 岁宝宝大脑的发育历程

第一阶段

从胎儿到出生

从在妈妈的子宫里开始，宝宝的大脑就开始发育。在出生之前，宝宝的大脑主要在长"数量"——脑细胞不断增加，到出生时大约有 100 亿 ~180 亿个脑细胞。这时宝宝的脑重是成人的 25% 左右。

第二阶段

0~3 岁

宝宝出生后，他的大脑开始进入长"质量"阶段——不仅脑细胞的体积长了起来，由神经细胞连接的"突触"也开始形成。2 岁以前，宝宝大脑的特点也很鲜明：神经纤维短、多呈水平方向；2 岁之后，宝宝的大脑神经纤维出现了竖直方向发展的分枝，分枝数量随着年龄的增长继续增多，纤维长度也随之变长，神经纤维的联系更加广泛。

第三阶段

3~6 岁

到 3 岁时，宝宝的脑重已经发展到成人的 75% 左右；在 6 岁前，宝宝的大脑发育可完成 90% 左右。这一阶段宝宝的大脑还完成了神经纤维髓鞘化的过程。这时候宝宝的大脑虽然发育速度比以前慢了下来，但它开始进行"优胜劣汰"，即神经修剪，也就是被反复利用的突触帮助宝宝加深对语言、规则等的印象，而不被使用的突触则逐渐死亡。也就是在这期间，宝宝的大脑优势开始从右脑逐渐转移至左脑。

家长须知：影响智力发展的两大主因

上面说了很多有关宝宝大脑发育的知识，现在开始进入正题：影响宝宝智力发育的因素有哪些呢？除了遗传之外，主要有两大因素：一是成长环境的刺激；二是饮食营养的支持。

影响智力发育的两大主因

成长环境刺激 → 外界信息的输入刺激大脑，使宝宝的神经系统做出相应的反应，如思考、运动等，这些活动又反过来使用突触，使大脑得到锻炼。如果某方面的信息刺激缺乏，宝宝那方面的能力就得不到发展的机会，等长大后有可能会落后于同龄人。

饮食营养支持 →
- 蛋白质是构成脑细胞的基本成分
- 碳水化合物是脑部活动的动力
- DHA 和 EPA 是构成脑组织的重要成分
- 铁参与合成血红蛋白，为脑部供氧
- 碘参与合成甲状腺激素，促进脑部发育
- 锌是脑细胞生长、大脑皮层发育的关键物质

健脑益智小游戏，让宝宝大脑接收更多的信息

家长跟宝宝一起玩游戏，快乐的亲子时光中，和宝宝一起思考，一起动手，一起运动，可以让宝宝的大脑接收到更多的信息，使他的脑细胞得到锻炼，对他的大脑发育、智力发展大有裨益。下面是一些虽简单却考验脑力的小游戏，很适合 3~6 岁的宝宝。

1 看谁接得快

游戏方法：第一个人说出一个字，第二个人接着这个字组一个词，第三个人接着这个词的词尾再组一个词。例如：阳→阳光→光明→明天→天空→空气→气球→球心→心情……

游戏目的：锻炼宝宝思维的敏捷性，丰富宝宝的词汇量。

2 数数记动作

游戏方法：家长和宝宝面对面坐着，请宝宝从 1 数到 50，数的时候注意看家长的动作。期间家长做捏鼻子、揪耳朵、拍手、跺脚等动作，等宝宝数完之后，

让宝宝说出刚才家长做出了哪些动作。等游戏熟练之后，家长可以多做一些动作，然后让宝宝按照顺序说出动作的名称，或者让宝宝说出某一动作家长做了几次。

游戏目的：锻炼宝宝的观察和记忆能力。

3 如果……

游戏方法：家长用"如果……"问宝宝各种问题，例如：如果你迷路了怎么办？让宝宝说出解决的办法，宝宝说对了要点赞，并让宝宝说明原因；如果宝宝说得不对，请宝宝再想想，用类似的事例引导宝宝自己给出解决办法，如果宝宝实在不能说出解决的办法，家长再告诉宝宝自己的想法。

游戏目的：让宝宝多思考，提高宝宝解决问题的能力。

❤ 简单手指操，促进左右脑智力平衡发展

手指操可以充分刺激大脑对应皮层，保证脑细胞的活力，有利于智力发展。同时，左手和右手分别与右脑、左脑相关联，经常让宝宝练习手指操可有效促进左右脑智力的平衡发展。下面是我从医生那里学来的一套手指操，让宝宝试试吧！

压中指
左手自然伸直，右手拇指按压左手中指

攥中指
左手自然伸直，右手握住左手中指并轻轻向上提

挤无名指
右手拇指握住左手无名指和小指，用拇指按压这两个手指

压手心
右手拇指放在左手食指和中指上，其他手指腹并拢按压手心

顶拇指
右手拇指、食指并拢，用侧面顶左手拇指

挺手指
左手无名指指盖顶住左手拇指指腹，其余手指用力向上挺

压指腹
两手交叉，中指都竖起来相对按压，其余手指向下按压

手指上伸
两手中指向内弯曲，指甲相向并拢，其他手指用力向上伸

备注：每个动作坚持 3~5 秒，做完之后换手进行。

159

🌱 健脑益智，吃对吃好最关键

吃是宝宝每天的头等大事，是大脑发育和智力发展的动力。下面是一些健脑益智食物，平时可让宝宝适当多吃：

健脑益智食物大盘点[①]

健脑益智食物		主要健脑益智成分
谷豆类	黄豆	不饱和脂肪酸、大豆磷脂
	小麦胚芽	谷胱甘肽、硒
	蚕豆	钙、锌、锰、胆碱
肉蛋水产类	鹌鹑蛋	卵磷脂、脑磷脂
	鸡蛋	DHA、卵磷脂、铁、蛋白质
	鲫鱼	蛋白质、不饱和脂肪酸
	鳝鱼	DHA、卵磷脂
	鲈鱼	蛋白质、不饱和脂肪酸
	三文鱼	Ω-3 脂肪酸
	牛肉	氨基酸
	兔肉	卵磷脂
蔬菜类	佛手瓜	锌
	菠菜	铁、维生素 C
	黄花菜	蛋白质、钙、磷、铁、胡萝卜素等
水果类	樱桃	铁、维生素 C
	香蕉	蛋白质、钾、磷
	火龙果	花青素
干果类	核桃	不饱和脂肪酸、铜、镁、钾、维生素 B_6、叶酸和维生素 B_1 等
	松子	磷、锰
其他	橄榄油	不饱和脂肪酸、多种维生素
	大豆油	大豆卵磷脂

①表格中的食物健脑益智成分含量较高，经常给宝宝吃对宝宝的大脑发育和智力发展有好处，但并不意味着宝宝吃了这些智力就会超前。在给宝宝安排膳食时，也不必拘泥于表格中的食物，只要营养全面均衡，宝宝脑部发育和活动能得到足够的营养支持，足矣。

🌱 宝宝智力下降竟然与它们有关！

在家里，有的家长图省事，把手机或平板扔给宝宝玩游戏、看动画片，或者把宝宝交给电视机来带。这样很不好！咱们来看一看，这样做都有哪些坏处：

屏幕太亮伤眼睛，宝宝容易近视

影响脑部血液循环

减少了户外运动的快乐

变得不喜欢动手

总是低头，对颈椎不好

变懒了，不爱思考了

失去了跟其他小朋友交流的机会

宝宝窝在沙发上玩电子产品、看电视，最受伤的还是大脑。小外甥以前也爱玩手机、看电视，我是用这些方法让他改变的：

1 给手机设上密码

设上密码，每次解锁都需要指纹或输入密码，宝宝尝试几次后打不开，慢慢就没了耐心和兴趣了。

2 先约定好时间

在宝宝玩手机、看电视之前，跟他约定好时间，一般他都会守承诺。也有的宝宝不守信，时间到了就哭闹，你要狠心拒绝他，等他哭闹发泄完了再讲道理。建议一天给宝宝玩手机、看电视的时间加起来不要超过 1 小时。

3 选择合适的节目

不论宝宝是用手机还是电视看动画片、节目，家长都要认真筛选，选择合适的节目。我强烈建议家长们跟宝宝一起看，一面看一面给宝宝提问题，或者回答宝宝的疑问。

4 转移注意力

宝宝爱玩手机、看电视，跟家长的带娃模式有很大关系。我的建议是：在家时放松自己，和宝宝一起玩玩具，或者做小手工，天气好时带他出去玩。家长的陪伴会让他忘掉手机和电视。

红薯泥
酸奶黄金球

材料

中等大小的红薯 1 个
酸奶 1 袋
面包糠适量

调料

色拉油适量

听菜名觉得不好做？不用担心，很简单的，就算你是新手也很容易成功。

∴∴∴∴∴∴∴∴∴∴∴∴∴∴∴∴∴∴∴∴∴∴∴

开始做饭喽！

1　把酸奶放进冰箱的冷冻室里冻4个小时左右，然后取出来捏一捏，看有没有冻成块，如果冻成块了就去掉外包装，把酸奶切成2厘米见方的小块。

2　请宝宝扮演洗菜小工的角色，让他帮忙洗红薯。红薯洗好之后放进蒸锅里蒸熟，然后剥去外皮，用勺子碾成红薯泥。

3　把面包糠倒在一个碗里备用。接着和宝宝一起做红薯球：戴上一次性手套，挖一勺红薯泥放在手心，压扁，将一个酸奶块放在中间，用红薯泥包好，团成圆形，然后放进面包糠碗里滚一滚，让红薯球表面裹上一层面包糠（均匀最好，不均匀也没事）。

4　在干净的炒锅里倒入适量色拉油，中火加热至微微冒烟，然后放入红薯球炸至金黄色，再把炸好的红薯丸子摆在漂亮的小盘子里就可以上桌啦。

营养细细看

酸奶里的钙、半乳糖等营养物质是宝宝大脑神经发育所必需的营养物质。红薯中含有丰富的抗氧化剂，能够活跃大脑细胞。对于不喜欢吃饭的宝宝来说，造型可爱的红薯球是开胃的好帮手呢。

换着花样吃 🍒

红薯泥可以用土豆泥和南瓜泥代替，宝宝喜欢用哪一种，可以让他自己选。酸奶块也可以换成鲜奶块，或者奶酪。

鹌鹑蛋
米饭豆腐丸

材料

米饭 1 碗
豆腐 1 块
鹌鹑蛋 7~10 个

调料

植物油适量
五香粉适量
盐适量

营养细细看 ☺

鹌鹑蛋中的卵磷脂和脑磷脂的含量是鸡蛋的 3~4 倍，而且容易被人体吸收，非常适合肠胃功能尚不完善的宝宝。

换着花样吃 🍒

如果宝宝不爱吃鹌鹑蛋，可以换成奶块、奶酪、土豆泥等其他食材。

开始做饭喽！

① 鹌鹑蛋煮熟，凉至温热后剥掉外壳（一定要保持鹌鹑蛋完整，这样做出的丸子才好看）。让宝宝帮忙剥蛋壳，锻炼锻炼他的手指头。

② 戴上一次性手套，把豆腐捏成泥，加入米饭，然后加少许五香粉、盐拌匀。

③ 开始和宝宝一起做丸子喽：挖一勺米饭豆腐在手心摊开，中间放一颗鹌鹑蛋，包好，然后团成丸子。

④ **把所有的丸子都做好后，就可以开始炸了**：锅中放油，大火烧至微微冒烟，然后放入丸子炸成金黄色，捞出沥油，再用宝宝喜欢的盘子装好，配上宝宝喜欢的酱料就可以啦（丸子中放了少许盐，酱料最好不要选择偏咸的）。

开始做饭喽！

1　把锅放在灶上，倒入适量清水，加 2 勺盐搅匀，然后放入甜玉米煮熟后捞出，凉至不烫手后剥粒（建议用老一点儿的玉米，剥粒好剥，吃起来有嚼劲，很适合 5~6 岁正在换牙的宝宝）。

2　胡萝卜洗净切丁，入开水锅中烫熟；苹果洗净切丁，或者用挖球器挖出球形果肉（这样更好看哦），接着用淡盐水浸泡，防止苹果肉与空气接触的时间太长表面变黑；猕猴桃对半切开，然后用挖球器挖出果肉。

3　把胡萝卜丁、猕猴桃、苹果、甜玉米粒一起放入沙拉碗里，加适量橄榄油拌匀，淋上酸奶就可以啦！

水果球
玉米沙拉

材料

苹果 1 个
猕猴桃 1 个
甜玉米 1/2 个
胡萝卜 1/2 根
酸奶适量

调料

橄榄油少许
盐适量

营养细细看 ☺

这道沙拉带着奶香的味道，很是开胃，且猕猴桃、苹果都富含锌、维生素 C 等大脑发育必需的营养素。

换着花样吃 🍒

也可以换成宝宝喜欢吃的其他水果，如香蕉、火龙果等，清清润润的很好吃。

蚝油核桃
炒虾仁

核桃爽脆、虾仁鲜嫩
韭菜清香，满满都是春天的
滋味，美极了！

材料

虾仁 150 克
核桃仁 50 克
韭菜 50 克
姜 5 克

调料

料酒少许
盐少许
蚝油少许
色拉油少许

开始做饭喽！

1 一般从超市买回来的虾仁都带有一层冰，你可以用清水浸泡几分钟，虾仁表面的冰能很快融化。接着你需要用小刀把虾仁的背部划开，用牙签把里面黑色的泥肠挑出来，再用淡盐水泡10分钟左右，捞出用清水冲一冲，沥干水备用。

2 姜洗净，先切成薄片，然后一片片码放整齐切成丝。把虾仁、姜丝一起放进碗里，倒入少许料酒抓匀，腌制5分钟左右。

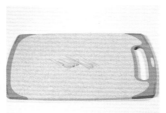

3 跟宝宝一起去掉韭菜的老叶，用清水把韭菜洗干净，沥干水后切成段。

4 锅放火上，小火加热，放进核桃仁反复翻炒，炒到核桃仁表面的皮有些焦脆就可以盛出来了。由于核桃本身带有油脂，所以锅内可不放油，但若担心核桃炒煳，可略淋些橄榄油。

5 锅里再放少许油，中火加热到微微冒烟，下虾仁爆炒到变红，然后加蚝油、盐炒匀，放入韭菜段迅速翻炒到稍微变软，盛出，撒上核桃仁就可以了。

营养细细看

对于宝宝来说，核桃可是好东西。核桃仁不仅外观像人类的大脑，它含有的不饱和脂肪酸还是大脑发育、脑部维持正常功能不可缺少的营养物质。每天给宝宝吃几个核桃，能帮助宝宝营养大脑、增强记忆、消除脑疲劳。核桃配韭菜，韭菜中的膳食纤维和核桃中的油脂"合作"，可以帮助宝宝润滑肠道，预防便秘。

换着花样吃 🍒

可以把核桃换成腰果，腰果里含有的蛋白质、不饱和脂肪酸、锰、铬、镁、硒等，也都是促进宝宝大脑发育的必需物质。你也可以把韭菜稍微用开水烫一烫，然后加核桃仁、蚝油、盐做成凉拌菜，味道也不错。

金色杂粮
油豆皮卷

　　我是杂粮的忠实"粉丝"，只是，小外甥很不买账，总觉得大米饭里放上杂粮，口感就变得粗糙不好吃，他也不喜欢黑米的颜色，觉得黑乎乎的不好看。我只好见招拆招——用杂粮饭搭配蔬菜，然后卷起来，就像寿司一样,爱吃寿司的小外甥岂能不动心。果然，杂粮油豆皮卷一上桌，小外甥就吃个不停，惹得妹妹不停逗他："我记得你不喜欢吃杂粮饭的，这次不嫌粗糙啦？"

大米 100 克
糙米 50 克
黑米 50 克
油豆皮 1 张
长豇豆 3 ~ 4 根
香菇 3 朵
胡萝卜 1 根
坚果适量
面粉少许

坚果用花生碎、
核桃仁、腰果、松子
仁等均可。

调料

色拉油适量
酱料适量
生抽少许
芝麻油少许

开始做饭喽!

1 将大米、糙米和黑米淘洗干净,放进电饭锅里,加适量水煮成杂粮饭,加少许生抽、芝麻油拌匀。

2 香菇洗净切成片,胡萝卜、豇豆分别洗净,胡萝卜切成条,豇豆切长段。上述食物放进开水锅中焯水至断生,捞出沥干水。

3 和宝宝一起做面糊:按照 1 : 1 的比例往碗里放水和面粉,拿着筷子顺着一个方向搅拌成面糊。

4 用清水泡油豆皮,泡几分钟变软时捞出来控干水,然后从中间剪开。接着将半张油豆皮平铺在案板上,在油豆皮的上面铺一层杂粮饭,然后摆上胡萝卜条、豇豆段、香菇片,撒坚果碎,再卷起来。卷的时候一定要压实,就像卷寿司一样,然后用面糊把油豆皮上边缘和外层边缘粘好。

5 平底锅中放少许色拉油加热至冒起泡,然后放入油豆皮杂粮卷,用中小火煎至呈金黄色,盛出,等凉至温热后切成小段装盘,让宝宝挤上酱料就可以了。

变 金色杂粮油豆皮卷
虾仁豆腐盖浇杂粮饭

嫌做饭卷麻烦，那就做成盖浇饭：把香菇、豇豆、油豆皮换成豆腐、虾仁、甜玉米粒。这3种食材也很常见，其中豆腐软嫩多汁，虾仁、甜玉米甜脆爽口，它们所含的钙、蛋白质、膳食纤维等都跟宝宝的大脑发育和智力发展密切相关。

> 香菇、豇豆、油豆皮——嫩豆腐、虾仁、甜玉米各 50~100 克，生姜少许。

1 按照"金色杂粮油豆皮卷"中的步骤 1 的做法将杂粮米饭做好。

2 嫩豆腐去掉盒子上的包装，用刀将豆腐在盒子里划成小块；胡萝卜洗净，切斜刀片；甜玉米煮熟后剥粒（或者直接用罐头玉米粒）；生姜洗净，先切片，然后切丝，再切成末（也可以直接用压蒜器压成姜蓉）。

3 烧开一锅水。用刀划开虾仁的后背，用牙签挑去泥肠，然后将虾仁放入开水锅里氽至呈粉红色。

4 另取一个干净的锅放在灶上，倒入少许油加热到微微冒烟，放入姜末爆香，再放虾仁爆炒 1~2 分钟，接着放甜玉米粒、胡萝卜片，加少许盐炒匀，再放豆腐块煮至豆腐盒里带有的汤汁沸腾，关火。注意，汤汁一沸腾就可以关火了，嫩豆腐容易熟，不用煮太久，煮太久了容易碎。

5 盛一碗杂粮米饭铺在盘底，将做好的虾仁豆腐浇在饭上面就可以上桌啦。

营养细细看

杂粮也能补脑？对的，黑米、糙米等杂粮里的赖氨酸等都是大脑维持正常功能必需的营养物质，其中黑米有"补血米"之称，补血效果很不错，而充足的血液是大脑"氧气"的供应者。

换着花样吃

可以把豇豆换成黄瓜，黄瓜和胡萝卜都可以生吃，把它们切成小条后卷起来，清甜爽脆，很好吃，而且做起来也简单，省去了焯的过程。或者把油豆皮换成紫菜，紫菜有很好的补碘、补铁作用，很适合正在长身体的宝宝呢。

171

清肝明目，让宝宝有一双明亮的眼睛

　　每次看到小外甥拿着手机、平板玩游戏，我总有把它抢下来的冲动。但是我知道教育孩子不能太强势，否则很可能适得其反。我只好摆事实讲道理，告诉小外甥保护视力的重要性，以及鼓励他成为"护眼小卫士"。好在小外甥是个明理的孩子，一般的道理他都能懂。

🌱 家长须知：眼睛的构造和儿童视力发展的过程

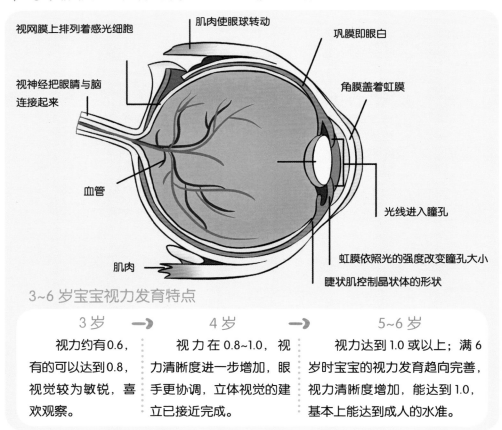

3~6 岁宝宝视力发育特点

3 岁 →	4 岁 →	5~6 岁
视力约有0.6，有的可以达到0.8，视觉较为敏锐，喜欢观察。	视力在 0.8~1.0，视力清晰度进一步增加，眼手更协调，立体视觉的建立已接近完成。	视力达到 1.0 或以上；满 6 岁时宝宝的视力发育趋向完善，视力清晰度增加，能达到 1.0，基本上能达到成人的水准。

🌱 小心！宝宝这些表现可能是视力出了问题

家长是宝宝最亲近的人，你们必须时刻关注宝宝的动态，如果他出现下面的问题，应及时带他去眼科检查，确定是否有视力损伤的问题，以尽早发现尽早矫正。

- 宝宝看电视时，喜欢走到电视跟前，离电视很近，反复提醒仍然不改正。
- 宝宝经常揉眼睛、眨眼睛，眼睛看起来有点儿红或红红的。
- 喜欢斜着眼睛看东西。
- 斗鸡眼。
- 经常侧着头或眯着眼睛看人和东西。

 唠唠唆唆带娃经

家长平时可以跟宝宝玩一些小游戏，例如：和宝宝一起等公交车的时候，让宝宝看向从远处驶来的公交车，问他这是几路车；发现远处有好玩的东西时，让宝宝和你一起看，并让他讲出来。如果宝宝看不清，不能给出正确的答案时，应及时带他去眼科检查。

🌱 "说方向"小游戏给宝宝测视力

给宝宝测视力，最常用的方法就是视力表。可是对于 3~4 岁的宝宝来说，由于认知能力的限制，用视力表检测的方法操作起来比较困难。我建议家长经常和宝宝玩"说方向"的游戏：在家里贴一张视力表，先让宝宝站在视力表前，指着上面的图案，让他说出开口的方向，等熟练之后逐渐加大距离。

视力的测量方法是：
0.1× 距离 ÷5= 视力，
或 4.0× 距离 ÷5= 视力

❤ 清肝明目食物，营养宝宝的眼睛

《黄帝内经》想必很多家长都听说过，这可是中医理论的鼻祖，书里说："肝开窍于目，受血而能视。"也就是说，要想眼睛亮、视力好，离不开肝血的滋养，保护宝宝的视力需要从养肝入手。

在中医看来，儿童是纯阳之体，最容易肝火旺。宝宝眼睛发红，眼部分泌物增多、早上眼睛睁不开、眼睛干涩、视力下降、看东西重影，这些都是肝火旺的表现。对于这种情况，我只有一个建议——清肝明目。生活中有不少清肝明目的好食物（见下表），家长记得要给宝宝适当多吃。

适合宝宝的清肝明目食物

食物推荐	营养功效	清肝明目吃法
枸杞子	枸杞子质润气和，是养肝明目、补肾益精的药食两用佳品，它能保护肝脏，促进肝细胞再生	煮粥时加一小把枸杞子，或者和菊花一起泡茶喝，能让眼睛轻松、明亮
黄花菜	黄花菜有清热解毒、清肝明目的功效，非常适合肝火旺盛，出现眼睛肿痛、眼屎多等上火症状的宝宝	焯水之后做凉拌菜，或者搭配豆腐、青豆等做烩菜，味道都不错
豆苗	豆苗含有大量的镁、叶绿素，常吃有助于排出体内毒素，保护肝脏	搭配豆腐丝做凉拌菜，或者加火腿煮汤，口感都很好
桑叶	桑叶是治疗风热感冒、肺热燥咳的常用药，也是做清肝明目、清肺润燥药膳的常用品	煮粥时加上一点儿，或者用来泡茶，清肝明目效果都不错
菊花	菊花是最常见的清肝明目佳品，上火了用菊花泡茶喝，清肝火的效果很好	泡茶，或者用菊花茶水煮粥，或者搭配苦瓜做凉拌菜，对肝火旺、用眼过度导致的眼睛干涩、肿痛等食疗效果都挺好的
西蓝花	西蓝花里含有的一些物质能帮助肝脏化解各类毒素，是清肝火、护肝养肝的好帮手	焯烫后做凉拌菜，或者搭配虾仁炒菜，都能养护肝脏，对宝宝的视力发育也有促进作用
荠菜	荠菜是利肝气的"好手"，有清热解毒、清肝明目、利尿消肿等功效	搭配豆腐煮汤，或者和猪肉馅儿和成饺子馅儿，都很好吃

🌱 宝宝眼睛最需要的 10 种营养素

维生素 A

构成视网膜表面的感光物质。宝宝玩手机、平板，眼睛总是盯着屏幕看，会消耗大量的维生素 A。动物肝脏如鸡肝、鸭肝、猪肝，以及鱼肝油、奶类和蛋类等是维生素 A 的良好来源。

锌

能防止自由基对宝宝眼睛的伤害。生蚝、贝类、鱼虾，以及小麦、坚果等都含有丰富的锌。

B 族维生素

宝宝缺乏 B 族维生素时，容易出现畏光、视力模糊、流泪等不适。糙米、胚芽米、全麦面包等全谷类食物，以及肝脏、瘦肉、酵母、牛奶、豆类、绿色蔬菜等，都是 B 族维生素的理想来源。

类胡萝卜素

能过滤有害蓝光，阻止眼部细胞的损伤。主要存在于深黄、深绿和红色蔬果中，如南瓜、青椒、西红柿、菠菜、芹菜、玉米、木瓜、芒果、西瓜等。

铁

宝宝如果缺铁，眼部得不到足够的血液滋养也容易出现视力问题。动物肝脏、动物血、猪瘦肉、牛肉、蛋黄、红枣等，可以为宝宝提供丰富的铁。

维生素 C

缺乏维生素 C 易引起水晶体浑浊的白内障病。各种新鲜蔬菜和水果都含有丰富的维生素C，其中尤其以青椒、黄瓜、菜花、小白菜、鲜枣、生梨、橘子等含量特别高。

花青素

能帮助宝宝提高夜视能力。红色、紫色、紫红色、蓝色的蔬菜水果都含有花青素，如红甜菜、蓝莓、蔓越莓、黑樱桃、紫葡萄等。

蛋白质

宝宝若缺乏蛋白质，可导致视紫质合成不足，进而出现视力问题。平时宜给宝宝多吃瘦肉、禽肉、鱼虾、奶类、蛋类、豆类及豆制品等富含蛋白质的食物。

维生素 E

能帮助宝宝改善眼部血液循环，增强眼部的代谢。含有维生素 E 的食物主要有植物油、坚果类（如核桃、杏仁、腰果、花生、松子、葵花子等）。

钙

能帮助宝宝消除眼周紧张，放松眼肌。豆类、绿叶蔬菜、海产品、奶类等都含有丰富的钙。

奶香胡萝卜
南瓜羹

材料

老南瓜 1 块
胡萝卜 1/2 根
西蓝花 1~2 小朵
核桃适量
奶酪适量

调料

盐少许
油少许

开始做饭喽!

1 核桃先用夹子夹开,取核桃仁。如果家里没有核桃夹,你可以放锅里煮一煮,水开后再放凉水里,热胀冷缩的刺激可以让核桃壳裂开。

2 让宝宝洗干净双手,把核桃仁掰碎。

3 西蓝花用淡盐水浸泡3~5分钟,捞起冲洗干净。烧一锅水,等水开了放入西蓝花煮1分钟,捞出用冷水冲凉。

4 老南瓜洗掉外皮的泥沙,去皮、瓤,然后切成片;胡萝卜洗净,切片。

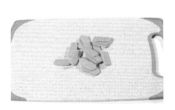

5 锅里放入少许油,小火烧到微微冒烟,放入南瓜片、胡萝卜片,炒软后倒入没过南瓜片、胡萝卜片的水,烧开后转小火烧8~10分钟。

6 加入奶酪,搅拌至化开,然后关火,等菜汤凉温后放入搅拌机里搅拌1分钟,再把菜泥盛入碗里,撒核桃碎,摆上西蓝花即可。

香滑,甜糯,还有脆脆的坚果。看,宝宝吃得真开心!

营养细细看

奶酪都富含维生素A,南瓜、胡萝卜含有胡萝卜素,吃进人体后可以转化成维生素A,而维生素A是视网膜所需的重要物质。宝宝经常看手机、玩平板,消耗维生素A特别多,容易眼睛干涩,并经常揉眼睛,平时应多给宝宝吃上述食物。

西蓝花有帮助肝脏解毒、保肝护肝的作用,核桃是维生素A、B族维生素、维生素E等营养物质的供应者,宝宝适当吃能养肝明目。

换着花样吃 🍒

可以直接把南瓜片、胡萝卜片炒熟,加盐调味,味道也不错,还省去加奶酪、搅拌的过程。

177

香煎
菠菜春卷

材料

菠菜 200 克
猪肉馅 100 克
鸡蛋 2 个
馄饨皮若干
葱 1/2 根
姜 1 小块
面包糠适量

调料

盐少许
酱油少许
色拉油少许

外焦里嫩，一口一个，
浓香满口！

开始做饭喽！

1 菠菜洗净；鸡蛋打散。

2 烧开一锅水，放入少许油和盐搅匀，再放入菠菜焯软，捞起来过凉，挤干水，切碎；葱去外皮，洗净，切成末；姜洗净，剁成姜蓉。

3 把猪肉馅儿放进小盆里，加入葱末、姜蓉、酱油，再打入一个鸡蛋，用筷子顺着一个方向把肉馅儿搅打成糊状，接着放入菠菜碎拌匀。

4 取一张馄饨皮，摊开，盛一小勺肉馅放在馄饨皮的一角，然后从角开始将馄饨皮斜卷起来，卷到一半的时候，将馄饨皮的两端向中心折入，再继续卷完。用同样的方法将馄饨皮和肉馅卷完。

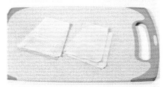
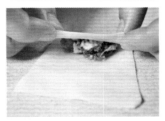

5 锅里放入适量油，小火加热到微微冒烟，接着将春卷裹满蛋液，再裹一层面包糠，放入锅中用中小火慢煎，至两面金黄时出锅装盘就可以啦。

营养细细看 😊

菠菜是利肝明目的佳品，它含有的胡萝卜素和维生素 B₁ 等营养素是维持视神经正常的必需物质，宝宝经常吃对眼睛很好哦。

换着花样吃 🍒

可以用扁豆和豆制品做馅儿，扁豆富含维生素 A，搭档富含钙质的豆制品，明目效果也很不错呢。不换馅儿也行，可以直接包成馄饨，用清水煮熟，加点儿香菜、虾皮、盐，也很美味。

鱼肉细嫩，入口即化，
青菜碧绿，爽脆可口，每一
口的感觉都很不一样哦！

青花鳕鱼
沙拉

材料

银鳕鱼 1 块
西蓝花小半个

调料

盐 15 克
料酒 10 毫升
橄榄油适量
沙拉酱适量

开始做饭喽！

1 银鳕鱼提前取出放在室温下解冻，如果你想快一些解冻，可以用冷水浸泡。银鳕鱼解冻后沥干水，切成小块，加料酒和5克盐（1勺左右）揉匀，腌制20分钟左右。

2 让宝宝帮忙把西蓝花掰成小朵，然后放进加有1勺盐的清水中浸泡15分钟，接着捞起冲净，沥干水。

3 锅中加水烧开，加1勺盐搅匀，放入西蓝花焯2分钟左右，捞起来过凉，沥干水后在盘边摆一圈。

4 锅里倒入橄榄油（或黄油），稍微加热几秒钟（如果用黄油，要先用小火加热化开），放入银鳕鱼块，小火慢煎，不断翻动，直到鱼肉微微变黄，盛出来放在盘子的中央。

5 让宝宝在银鳕鱼、西蓝花的表面挤上沙拉酱，美美的青花鳕鱼沙拉就做好啦。

营养细细看 ☺

银鳕鱼富含DHA，可以促进宝宝的大脑和视网膜发育；西蓝花含有的黄酮类化合物、类胡萝卜素、萝卜硫素和吲哚，能综合帮助肝脏化解各类化学毒素和致癌物。还等什么，赶紧做给宝宝吃吧！

换着花样吃 🍒

可以把沙拉酱换成柠檬汁，柠檬的清香让鳕鱼更美味。还可以把西蓝花换成菜花，养肝护肝的效果也是棒棒哒！

番茄肉酱拌面

　　面对挑剔的小外甥，有时候火大得真想吼他几句。可想想他毕竟还是个小孩子，只能"化悲愤为力量"，继续想新花样，让小外甥爱上曾经讨厌吃的面条。咦，有了！小朋友都比较喜欢颜色鲜艳的东西，如果在面条里拌上红艳艳的番茄酱，不仅营养，也很好看。心动不如行动，果然，小外甥很喜欢，雀跃地吃了个碗底朝天。

182

材料

高筋面粉 200 克
牛肉 400 克
鸡蛋 1 个
番茄 1 个
洋葱末少许
葱适量
姜适量
蒜适量

调料

橄榄油适量
白糖少许
盐少许
香草碎少许
现磨黑胡椒粉少许

开始做饭喽！

1 把面粉放进盆里，缓慢地、一点点地倒入清水，将面粉搅成干面絮，看到盆内没有干粉，就说明水量够了。把面先揉成团，然后把面团对折，向前推，接着把面团转 90°，再对折，向前推，如此反复，把面团揉至"三光"（即面光、手光、盆光）就可以了。用压面条机把面团压成面条，备用。

2 牛肉清洗干净，切成小块，放入搅拌机中搅成肉馅儿。

3 姜、葱洗净，蒜去皮，然后分别切成末；番茄洗干净，加热水浸泡 3~5 秒钟，用小漏勺捞起来，用刀轻轻划开番茄的表面，然后朝着反方向剥掉番茄的外皮，接着切丁。

4 锅里放少许橄榄油加热，放入姜末、蒜末炒香，再入牛肉、洋葱末、番茄丁炒匀，接着小火慢煮，等汤汁即将收干时放少许白糖、盐、香草碎、现磨黑胡椒粉炒匀。

5 取一个干净的锅，加入适量水烧开，放入面条煮熟，捞出来过凉，放进盘里，接着浇上番茄牛肉卤就可以啦。

变 番茄肉酱拌面
番茄桃仁玉面

牛肉里的铁含量丰富，不仅可以帮宝宝补铁，预防贫血，还能促进血红蛋白再生，营养宝宝的眼睛。不单牛肉是宝宝强身健体的佳品，核桃也当仁不让，是宝宝益智、明目都不能少的材料。所以，不妨换着试试，相信宝宝会喜欢的。

牛肉→核桃仁、奶酪

1 按照"番茄肉酱拌面"的方法做好面条。

2 准备其他食材：葱、蒜切末，番茄切丁。另准备核桃仁一把和少许切碎的奶酪，备用。

3 炒锅中放少许油，小火加热至微微冒泡，放入核桃仁反复翻炒，直至表皮颜色变深、口感变得酥脆时盛出。

4 锅洗净，放少许油加热到微微冒烟，放入葱末、蒜末炒香，再放入番茄丁炒匀，接着放白糖、盐、香草碎，撒一点点现磨黑胡椒粉，炒匀后出锅。

5 锅里加水烧开，放入面条煮熟，过凉开水降温，然后把面捞出放入盘中，浇上炒好的番茄酱汁，撒核桃仁、点缀些奶酪碎就可以啦。

营养细细看 ☺

牛肉是日常生活中比较常见的肉类，以蛋白质含量高、脂肪含量低而深受人们喜欢，很多小朋友也是牛肉的忠实"粉丝"，它能为人体提供丰富且优质的蛋白质，为宝宝的视力发育提供营养物质。

换着花样吃 🍒

如果宝宝嫌弃牛肉塞牙，可以选择其他瘦肉类，如鸡肉、猪肉等，都可以为人体提供丰富的蛋白质。

185

调理脾胃，消化好胃口自然好

宝宝不好好吃饭，归根结底是脾胃出了问题。宝宝脾胃虚弱，没有"力气"消化食物，食物积滞在身体里，让宝宝不觉得饿，没有食欲，自然就不会好好吃饭了。宝宝不好好吃饭，摄入的营养不够，就会影响长个子。脾胃对宝宝的健康和发育影响这么大，应该怎样给宝宝调理脾胃呢？

❤ 宝宝脾胃虚弱都有哪些表现？

宝宝如果缺锌，生长发育和健康都会受到影响，这种影响会在身体或行为上体现出来，家长要留意。

- 面部皮肤发黄，有斑点
- 头发比较稀疏，颜色发黄
- 身体消瘦，说话有气无力
- 胃口差，不爱吃饭，只爱吃零食

- 大便干燥，3~4 天才排便一次
- 手脚凉凉的，不爱活动
- 肚子总是胀胀的不舒服

如果宝宝符合其中 2 条以上，说明他的脾胃功能不好，需要调理了。

❤ 保护宝宝脾胃抓住 4 个重点

宝宝脾胃不好，跟饮食不当有很大的关系，那么帮他调理脾胃，也应从饮食入手。宝宝的饮食需要遵循 4 个重点，才能保证他娇嫩脾胃的需要。这 4 个重点就是——甘、淡、温、软。

甘入脾，让宝宝脾胃动力足

中医里说"甘味入脾"，意思是甜味的食物能强健脾动力。也许有的家长会疑惑"宝宝吃甜的东西太多了对牙齿不好吧？""甘味入脾"并不意味着让宝宝吃大量甜的东西，正确的做法是让宝宝适当吃淀粉类食物。淀粉被吃进身体后，经过一系列反应会转化成糖分，给宝宝的脾胃提供动力，淀粉类的食物还有促进肠胃蠕动的作用。所以宝宝的餐桌上，不能少了淀粉类食物。土豆、山药、米面等，都是淀粉的良好来源。其中面食的补脾作用最佳，家长可以用面粉做馒头、包子、面包等给宝宝吃。

口味清淡，肠胃很舒服

宝宝的消化能力有限，给他准备的饭菜口味要清淡，杜绝油腻辛辣的食物，像烧烤、油炸之类的食物，要少给宝宝吃。这些油腻辛辣的食物吃进去了，宝宝的肠胃需要分泌更多的消化液来消化，同时还要增加胆汁的分泌帮助消化，这无形中增加了宝宝的脾胃负担。当然，清淡并不是说要特别控制油脂和盐分的摄入，只是做菜的时候少放一些就可以了。我的建议是，烹饪用油每人每天控制在 10~15 毫升，盐不超过 5 克就可以了。

吃温热的食物养脾胃

应该给宝宝吃温热的食物，喝温开水，尽量少给宝宝吃生冷的瓜果和冰镇饮料，特别是夏天，本来肠胃就因为天气热、津液消耗多而变得脆弱，冰冷的刺激会让它们更容易出问题，这也是宝宝夏天容易腹泻的原因。

肠胃最喜欢软硬适中的饭菜

给宝宝准备的食物一定要软硬适中，我建议给宝宝每天准备粥、发面馒头、面条之类容易消化的食物。也可以用小米、黑米搭配点儿红豆打成米糊，健脾补血又好消化吸收。过硬的食物会增加宝宝脾胃的负担，让脾胃总是处在工作状态，时间久了容易"磨损"而导致脾胃疾病。

🌱 8 个推拿动作，让宝宝的脾胃强健起来

腰腹部位是脾胃的体表对应区，也是脾经、胃经经过的地方，经常给宝宝按摩腹部，能起到调节脾胃的作用。下面的按摩手法可经常给宝宝做一做。

**动作 1
推三条线**

让宝宝平躺在床上，家长双手搓热，推按宝宝腹部上的三条线：一条是从胸廓下的剑突位置一直到肚脐再到小腹；另外两条是腹部两侧，每条线推按 6 下。

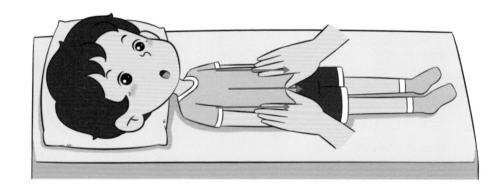

**动作 2
轻摩腹部**

让宝宝平躺在床上，家长双手搓热，以宝宝的肚脐为中心，用手掌顺时针轻摩宝宝的腹部 3~5 分钟。

**动作 3
推按上下腹**

让宝宝平躺在床上，家长站在宝宝头顶上方的位置，双手分别放在宝宝的上腹部，然后朝着肚脐方向推按，反复推按 5~10 次。

**动作 4
点按 4 个穴**

让宝宝平躺在床上，家长用食指指腹点按宝宝腹部的阑门穴（脐上两指处）、肚脐两边的天枢穴（肚脐左右各三横指处）、关元穴（脐下四横指处）。当宝宝吐气时按进去，吸气时慢慢放松。反复进行 3~5 次。

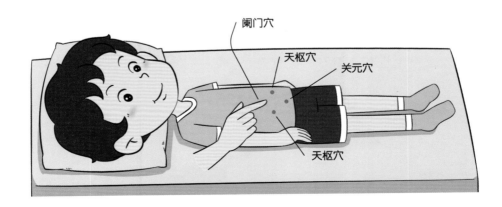

阑门穴

天枢穴

关元穴

天枢穴

糯米红豆沙小蛋饼

材料

鸡蛋 4 个
鲜牛奶 100 毫升
糯米粉适量
红豆沙适量

调料

白糖适量

像蛋糕？像圆圆的月亮？香甜软糯味道好极了！

开始做饭喽！

1　将鸡蛋打入碗中，加入牛奶和白糖拌匀，边搅边加入糯米粉，直到用勺子舀起米糊时，米糊能像线一样往下落。如果像水一样流，就太稀了，需要加糯米粉；如果不往下落，就有些稠了，要再加些牛奶或水。

2　平底锅加热，在锅底薄薄地擦一层油，然后倒入一勺米糊，从锅的中央垂直缓缓下落，米糊就会自动散开成圆形。

3　当米糊凝固时翻面，继续煎至熟透，然后盛入盘里备用。用同样的方法，把剩下的米糊煎成小蛋饼。

4　红豆沙团成团，再压成薄饼状。取一张小蛋饼，在上面放上红豆沙饼，然后盖上另外一张小蛋饼，用手稍用力压一压，糯米红豆沙小蛋饼就做好啦。

营养细细看

糯米可以补中益气、养胃健脾，对于脾胃虚寒的宝宝来说，是调养脾胃的好帮手呢。

换着花样吃

糯米粉中可按 2：1 的比例掺一些大米粉，也可以把糯米粉换成玉米粉，红豆沙换成绿豆沙，都简单易做，而且非常美味。经常变换味道也能让宝宝对吃饭好奇起来，变得爱吃饭了。

百合小米南瓜蒸饭

材料

南瓜 1 个
小米 100 克
大米 100 克
红枣 8 个
百合少许

宝宝不爱吃米饭？试试这款蒸饭吧，靓丽的造型，不一样的口感，宝宝肯定给好评。

开始做饭喽！

1　请宝宝帮忙把百合一片一片掰开，清洗干净；红枣也洗干净，然后加清水泡几分钟。

2　**红枣去核**：准备一根筷子，一个深盆，一个盘子，一个蒸笼箅子；把盆放到蒸笼箅子下面，然后把红枣竖放在箅子中间最大的孔处固定好，一手用筷子迅速从红枣的中间往下插，枣核就轻松分离下来了。

3　小米、大米淘洗干净，倒入电饭煲内，加水没过米的一个食指关节高，盖好锅盖，按下"煮饭"键。

4　**南瓜盅**：先和宝宝一起把南瓜清洗干净，拿刀从南瓜底部1/4处切若干个大小差不多的三角形，然后掰成两部分，让宝宝帮忙掏空瓤，再冲洗一遍。

5　等南瓜处理好，米饭也差不多煮好了，将米饭盛出，放入红枣、百合拌匀。

6　把拌好的米饭装入南瓜盅里，放入蒸锅隔水蒸20分钟就可以啦。

营养细细看

小米是药食同源之物。作为食物，它能为宝宝提供丰富的营养，特别是B族维生素和多种氨基酸；作为药物，小米具有防治消化不良、泛酸、胃寒呕吐等不适的作用，非常适合脾胃虚弱的宝宝食用。另外，南瓜、红枣也是健脾养胃的佳品，它们能帮助宝宝增强脾胃功能。还等什么？和宝宝一起吃吧，小米搭配南瓜，对全家人的健康都有益。

换着花样吃 🍒

觉得做南瓜杂粮饭麻烦，可以直接把南瓜切块，然后和小米、大米一起煮粥，暖暖地喝下去很养胃，冬天吃还能祛寒。也可以直接用小米熬粥，待粥熟后稍稍冷却沉淀，可以看到粥的最上层浮有一层细腻的黏稠物，这就是"粥油"，捞起来给宝宝吃，能起到保护胃黏膜、补益脾胃的功效呢。

山药蜂蜜
紫薯泥

造型美美的，像不像美味的冰激凌？又香又甜，就连挑剔的小外甥都竖起大拇指。

材料

紫薯 2 个
铁棍山药 1 根
白糖 30 克
牛奶 50 毫升

调料

淡奶油 50 克
蜂蜜适量

开始做饭喽！

1 宝宝闲着？让他帮忙洗紫薯！接着，你需要用厨房用纸把紫薯包起来，包2~3层，把厨房用纸都打湿，接着把水控一控，让它不再滴水，再放进微波炉里，用高火加热3分钟左右，之后戴上隔热手套翻面，再高火加热3分钟就可以取出来了。

2 在加热紫薯的空当，你需要先洗干净山药外面的泥沙，折成10~15厘米长的段，然后按照包紫薯的方法，把山药包好，不用打湿外层厨房用纸。等紫薯加热好后取出来，把山药码在微波炉里，用高火加热1~2分钟（视山药的粗细来定时间），然后戴上隔热手套翻面，再接着加热1~2分钟。

3 紫薯去皮，放入搅拌机中，加10克白糖、30毫升牛奶、30克淡奶油，搅成泥。山药去皮，放入搅拌机中，加20克白糖、20毫升牛奶、20克淡奶油，搅成泥。

4 把紫薯泥和山药泥分别装入裱花袋，先将山药泥挤进玻璃碗中，再将紫薯泥挤在山药泥上。

5 最后让宝宝浇上适量蜂蜜就可以啦。也可以用颜色好看的蔬果丁或薄荷叶做小装饰。

山药和紫薯都是非常适合小朋友食用的食物，其中山药有补脾养胃、生津益肺的功效；紫薯富含纤维素，可增加粪便体积，促进肠胃蠕动，清理肠道内滞留的黏液、积气和腐败物，排出体内的有毒物质和致癌物质，保持大便畅通，改善消化道环境，防止胃肠道疾病的发生。

换着花样吃 🍒

山药泥可以换成土豆泥，健脾养胃、润肠通便的效果也很好。还可以把紫薯山药泥混合均匀，然后用简单的模具做出各种造型，浇上蜂蜜，也很吸引宝宝的眼球。

土豆竟然还可以这样吃？！和
宝宝一起做吧！

彩丁蛋奶土豆泥

材料 中等大小的土豆2个,鸡蛋1个,鲜牛奶、黄瓜各适量,红甜椒少许。

调料 盐、沙拉酱各适量。

开始做饭喽!

1. 把土豆皮去掉,再切成小块,放进盘子里。

2. 把土豆块放进蒸锅里,旁边放鸡蛋,隔水蒸20分钟,取出凉至温热,和宝宝一起用小勺把土豆块压成泥。

3. 把蒸熟的鸡蛋剥掉蛋壳,然后把蛋白、蛋黄分开,分别切成细丁。教你一个快速剥蛋壳的方法:先拿鸡蛋朝着墙壁反复来回敲打,把蛋壳全部敲碎,然后放在掌心来回揉搓,这样蛋壳就跟蛋白分离了,很好剥。

4. 黄瓜洗净,对半切开,然后切成细条,再切成丁;红甜椒洗净,去蒂、籽,也切成细丁。

5. 把蛋黄丁、鲜牛奶和少许盐与土豆泥拌匀,接着放入蛋白丁、黄瓜丁和红甜椒丁拌匀。

6. 由宝宝选择模具,选好后在模具内涂一层橄榄油,然后填入土豆泥压实、抹平,再脱掉模具,土豆泥就做好啦。

7. 把土豆泥放在宝宝喜欢的小盘子里,让他挤上沙拉酱或他喜欢的酱汁拌匀就可以了。

营养细细看 ☺

平凡的土豆却有着大功效:它所含的膳食纤维能帮助吸附胃肠道里的毒素,并排出体外;它还能帮助宝宝保护胃黏膜,为宝宝缓解消化不良、便秘等不适。

换着花样吃 ❧

可以往里面加宝宝喜欢吃的蔬菜,如菠菜、芹菜、胡萝卜等,还可以把苹果打成泥,跟土豆泥一起混合均匀后做成各种形状,味道也很不错呢。

清热去火，防"火"于未"燃"

不知道家长们有没有发现，3~6 岁的宝宝特别爱上火，一不小心就口干舌燥，严重的还会便秘，口腔溃疡。要想宝宝不受上火的折磨，家长就要做好预防工作，防患于未然。

注意饮食细节，轻松帮宝宝预防上火

杜绝上火的源头

辛辣、燥热、油炸的食物都是火气的源头，平时尽量不给宝宝吃。

让宝宝多喝水

每天都要提醒宝宝多喝水，喝水量尽量不低于 1500 毫升。

多吃含水分多的水果

西瓜、柚子、苹果、梨、火龙果等都是不错的选择。不过要少给宝宝吃荔枝、龙眼等温热性质的水果。

多喝汤喝粥

都说"汤汤水水最养人"，汤粥里水分多，而且容易消化，不用怕宝宝积食。也可以给宝宝喝一些菊花茶、酸梅汤、酸奶等，可以清热去火。

多吃粗粮

让宝宝多吃薏米、糙米、豆类等粗粮，它们膳食纤维含量丰富，可预防因肠胃燥热引起的便秘。

🌱 宝宝上火了怎么办?

便秘的小朋友可能肠火旺

　　3~6 岁的宝宝常常会有便秘的情况发生,原因也比较多,首先,小孩子贪玩,想不起喝水,水分不足会导致便秘。其次,许多小朋友爱吃肉,造成"积食",缺少足够的肠蠕动推动排便,使粪便在肠道内停留时间过长,其中的水分会被肠道重新吸收,粪便过干使得排出困难;食物摄入过少也是同理。第三,食物成分影响肠蠕动的规律性,如可乐等容易减慢肠蠕动等。

注意啦

　　如果妈妈发现宝宝便秘了,可以调整他的饮食,多给宝宝吃些清热去火的蔬菜或者水果,比如西红柿、甘蔗,或给梨丝、白萝卜丝、藕丝滴上蜂蜜,沁出汁来给宝宝喝,很有效哦。另外,不要见宝宝有上火症状就给他吃寒性太强的食物,也不要让宝宝吃得过饱,热量高的食物尽量不吃。快餐更是要严格控制。

注意啦

　　家长可以给宝宝用生的嫩芹菜抹上花生酱和白糖吃,也可以榨些芹菜汁,煮粥喝。要注意作息时间,宝宝不应该睡太晚。

眼屎多的小朋友可能肝火旺

　　"上火"的症状出现,往往是身体一系列不适的信号,不要忽视这些"信号"哦,它们能够用来判断宝宝是否上火了。眼屎的出现,说明宝宝肝有火了。有肝火的宝宝往往容易发脾气,不听话,使家长更操心。

舌头发红的小朋友可能心火旺

不少家长可能见过中医用望、闻、问、切四种方法来判断身体状况，其中舌头的某些特征能够表示我们身体的状况，家长也能效仿，简单地给宝宝判断一下。

如果舌头、舌边发红了，这是上火的症状，说明宝宝有心火。有心火的宝宝通常白天容易口渴，晚上爱折腾，睡觉也不安稳，睡不好觉。

📡 **注意啦**

去心火的食物还是很多的，比如赶上夏天的话，可以买鲜莲子，剥了直接给宝宝吃。另外，茭白和茄子也可以哦，最好是素炒、蒸，不要用那么多油就行了。

注意啦

可以找一些柿饼上的柿霜给宝宝冲水喝，或是买一些阳桃给宝宝吃。要是口舌生疮、舌苔发黄，那就给宝宝吃点相应的小中药，赶紧灭火，不然宝宝有火了会更淘气，妈妈也更累心。

平时，家长不要只吻宝宝的小嘴而不观察它的异常状况！往往在细微处也有反映身体状况的信息，像宝宝上火的信息就蕴含在里面了。宝宝有时嘴角有些白色的印记或者小小的白色水沫，为什么会这样呢？其实，那是宝宝口干引起的，这说明宝宝有脾火了，赶紧灭火！

大便干硬的小朋友胃火旺

注意啦

宝宝有胃火，要尽量给宝宝清理一下肠胃，不要吃那么多东西。可以喝点小米粥、百合粥。早餐最好是清淡点的粥。

每到宝宝拉臭臭的时候，家长除了观察大便的软硬度，还要观察宝宝的表情如何，是否便得轻松顺利。如果宝宝很痛苦，很费力才便出来，大便很硬，不是软黄便的话，同时还有口臭，那说明宝宝有胃火了。

清香鲜笋
炒百合

清爽好吃的美食，解决
宝宝上火发脾气的问题。

材料

芦笋 200 克
新鲜百合 40 克
白果 20 克
红甜椒适量
姜适量
蒜适量

调料

盐少许
色拉油适量

开始做饭喽！

1　老规矩，请宝宝帮忙：把鲜百合一片一片分开，洗干净后沥干水；白果洗干净，放进碗里，加清水泡一泡。

2　处理芦笋，这需要你来：先把芦笋根部老的部分去掉，洗干净，然后把花以下的部分用刀轻轻刮掉外面一层（不用刮太多），再斜切成段。把芦笋和白果一起放入开水锅里焯1分钟左右，捞出过凉。

3　红甜椒洗净，去蒂、籽，切成丝；蒜拍扁，去皮，切碎；姜洗净，先切成薄片，再切成丝。

4　锅里放少许油加热到微微冒烟，然后放入姜丝、蒜碎炒香，接着放百合翻炒1分钟左右，再放入芦笋段、白果继续翻炒2~3分钟，加少许盐调味，最后放入红甜椒丝炒匀就可以关火装盘啦。

营养细细看

要想让宝宝不上火，最好的办法就是饮食清淡，少吃上火的东西。这道菜就很好，清清淡淡的，而且芦笋、百合都偏凉性，还含有膳食纤维，能帮助宝宝润肠通便，把火气排出体外。

换着花样吃 🍒

可以把芦笋换成芹菜，芹菜也含有大量的膳食纤维，能清火排毒。还可以把芦笋跟百合凉拌着吃，口感脆脆的，宝宝会喜欢哦。

圣女果
丝瓜豆腐汤

丝瓜软滑，豆腐软嫩，味道超赞！
清清淡淡的，很适合上火的宝宝呢。

材料 丝瓜 150 克，豆腐 100 克，圣女果、葱各适量。

调料 色拉油少许，盐、芝麻油各少许，高汤适量。

开始做饭喽！

1　丝瓜洗净，用削皮刀削掉外皮，然后切小滚刀块；豆腐切成小块；圣女果洗净后去蒂，对半切开；葱洗净，切碎。

建议用老豆腐，老豆腐炖着吃口感不错，也不容易碎，若宝宝不喜欢吃老豆腐，嫩豆腐也是可以的。

2　锅中放少许色拉油烧热，放葱花炒香，倒入适量高汤，接着放豆腐块，中火煮沸后继续煮 5 分钟。

没有高汤的话直接倒开水也可以。

3　放入丝瓜块继续煮，直到丝瓜变软、颜色通透，加少许盐调味，然后放圣女果再煮 1 分钟，淋少许芝麻油就可以啦。

营养细细看 ☺

丝瓜水分含量高，暑天吃能消暑解热。豆腐性偏凉，有生津润燥、清热下火的作用，而且豆腐还有润肠排毒的作用，能帮助宝宝排出积在身体里的火气。

换着花样吃

丝瓜可以换成西葫芦，西葫芦同样富含水分，清火的效果不错。也可以加大米煮成粥，润肠的效果很好。

吃肉容易上火？不一定哦，鸭肉就是个例外。

青红椒
莲藕烧鸭腿

材料	鸭腿 250 克，莲藕 300 克，红椒、青椒、蒜、姜各适量。
调料	色拉油、料酒、生抽、盐各适量，高汤（或开水）适量。

开始做饭喽！

1　鸭腿洗净，先用刀背把鸭腿的骨头敲断，然后切成块；青椒、红椒洗净，去蒂、籽，切成片；莲藕洗净后去皮，切小块；姜洗净，蒜去皮，分别切成片。

2　锅里放少许油，小火加热到微微冒泡，然后放入鸭肉翻炒（注意用小火炒），等鸭肉里的油析出来一些后，把锅里的油控一控。

3　接着倒入料酒，放入姜片、蒜片翻炒均匀，然后放入莲藕块炒匀。

4　倒入适量高汤（也可以直接倒白开水），调入生抽、盐，加盖，大火烧开，接着转小火炖 30 分钟左右，加青红椒片炒匀就可以出锅啦。

营养细细看 ☺

并不是所有的肉吃后都会上火，鸭肉性偏凉，很适合夏天上火的宝宝食用。

莲藕生吃清热去火，熟吃健脾养胃，是宝宝餐桌必备之品哦。

换着花样吃 🍒

可以把莲藕换成马蹄，马蹄清润多汁，去火效果很好。也可以单炖鸭肉，把莲藕加醋凉拌，很开胃呢。

糕点都易引起上火？非也，这款抹茶糕，不但不会引起上火，还能降火哦。

山药椰蓉抹茶糕

材料	山药 200 克，糯米粉 150 克，椰蓉 100 克，大米粉 50 克，抹茶粉 10 克。
调料	白糖 50 克，蜂蜜 10 克，色拉油少许。

开始做饭喽！

1. 山药清洗干净，切成 5~6 厘米长的段，放入蒸锅里蒸熟，取出来剥掉皮，然后用勺子压成泥。

2. 指导宝宝把山药泥、糯米粉、大米粉、抹茶粉放入盆里，慢慢倒入清水，一面倒一面用筷子或勺子搅拌，直到搅拌成糊状（用勺子盛起，倒出时能缓慢地滑落就可以啦）。

3. 取一个干净的微波炉专用玻璃保鲜盒，请宝宝拿着专用的小刷子在盒子内壁抹一层色拉油，把拌好的山药米糊装入玻璃盒中。

4. 蒸锅里加水烧开，放入蒸屉，然后放入玻璃保鲜盒隔水蒸，用大火蒸 15 分钟左右，关火。这时山药米糊会变凝固，就是山药抹茶糕了。

5. 等山药抹茶糕凉至温热后取出，切成 2 厘米见方的小方块，然后把椰蓉均匀地撒在面板上，将山药抹茶糕放在椰蓉中不断滚动，使之全部裹上椰蓉即可。

营养细细看 ☺

山药是"零脂肪"主食，抹茶粉清凉可口，再配上香甜的椰蓉，很适合夏天燥热时宝宝因为上火导致胃口不好时吃。

换着花样吃 ❧

这道点心也可以将山药换成土豆，润肠通便、排毒去火的效果很不错哦。

抗击雾霾，让宝宝的呼吸更顺畅

北京到冬季时经常发布雾霾橙色预警，每逢这种时候我们一家都如临大敌，发愁怎么管住小外甥不让他出去乱跑。3~6岁正是特别活跃的时期，尤其是户外运动更是他们所爱，可是雾霾对宝宝的呼吸系统伤害很大。从生理构造来说，宝宝没有鼻毛，防御能力弱，雾霾更容易侵入；宝宝的个头比成人小，离地面更近，更容易吸入雾霾颗粒物；另外，相同体积的颗粒物进入宝宝身体，扩散后产生的危害比进入成人身体要更大。所以，我们得想办法帮宝宝抵抗雾霾。

❤ 宝宝护理要做足

年幼的小朋友身体发育不成熟、呼吸道脆弱，免疫力较低，他们根本无力抵抗连成人都抵御不了的雾霾污染。家长应该怎么办呢？

1 雾霾天减少出行

雾霾天应尽量少带小朋友出行和参加户外活动，特别是雾霾比较严重的天气，要避免外出。过敏体质或有先天性哮喘的宝宝，雾霾天最好在室内活动。

2 合理选择户外活动和通风时间

如果正好是雾霾天，而宝宝已经好几天没出门，必须要去透透气，那么最好选择能见度比较好的时段。此时空气中的颗粒物会相对较少。家长可以在风大的时候开窗通风，这时空气是流动的，停留在室内的颗粒物也会少一些。但如果是雾霾非常严重的天气，最好不要开窗，可以用空气净化器来过滤室内空气，减少宝宝过敏的概率。

此外，可以在家里用加湿器，使空气里的湿度增加，湿度增加以后，颗粒物就容易落到地面，减少家人和宝宝吸入颗粒物的机会。

3 备好"神器"，选择合适的口罩

雾霾天如果必须带宝宝外出，一定要给他戴上防颗粒物口罩，它能帮助宝宝将空气里的粉尘、雾霾和微生物颗粒物等挡在体外。

 唠唠唆唆带娃经

抗霾口罩的选择

给宝宝选择抗霾口罩时，不要为了外表美观而去选择没有实际用途的口罩。因为选戴合适口罩才能起到保护呼吸道的作用，如果选戴不当则形同虚设。那些外观精美的棉布口罩不具备有效过滤空气中细小颗粒物和病毒的功能，反复佩戴更容易使吸附在上面的污染物成为直接的致病源，反而对小朋友健康产生不利影响。

此外，雾霾中的首要污染物是PM2.5，因此，要选择阻尘效率高，能够阻挡2.5微米以下细颗粒物的口罩。需注意的是，有些专业级别的口罩虽然也能抵挡雾霾的污染物，但是由于材质过于致密而导致透气性很差，宝宝戴着会不舒服，容易产生抵触心理而不能坚持佩戴。

因此需要选择有医疗器械注册号、滤材应为N95、小朋友佩戴起来大小合适、不过于致密不透气的口罩。

4 回家时先在门外拍打外衣

外出时我们的身上或多或少会粘上微生物和细菌，如果不注意就很容易把这些微生物和病菌带回家。所以，不论是宝宝还是大人，外出后回家时最好先在家门口拍一拍衣服，把衣服上的微生物和粉尘拍掉。

5 勤漱口，勤洗手、洗脸

每次外出后回家，要立即让宝宝漱口、洗手、洗脸，把身上黏附的灰尘和细菌清洗掉，尽可能减少与雾霾的接触。

❤ 饮食抗霾，清肺 + 增强免疫力是关键

饮食也能对抗雾霾？是的。不过，并不是说某种食物能帮助宝宝把雾霾赶跑，而是这种食物能增强宝宝的脏腑功能，提高免疫力，使宝宝即使在雾霾天也不容易因为雾霾的刺激而患病。

多给宝宝准备清肺食物

肺部是呼吸系统非常重要的组成部分，它的健康状况直接影响着宝宝的呼吸情况。宝宝吸入雾霾后，微生物和病菌会从支气管一路进入宝宝的肺部，影响宝宝的健康。所以，雾霾天来临期间，家长应给宝宝多吃滋阴润肺的食物，如梨、百合、马蹄、白萝卜等。

别忘了给宝宝补充维生素 A

让宝宝适当多吃动物肝脏、莴笋、白菜、豌豆、西红柿、芹菜、蛋类、奶类等富含维生素 A 的食物，因为维生素 A 具有抗氧化、维护上皮组织细胞的功效，在我们的呼吸道形成一层保护膜，从而有效防止粉尘的入侵。

雾霾可以这么"破"

宝宝身体里如果缺少维生素 C，会影响到免疫力，使雾霾很轻松地就能突破宝宝的身体防线，入侵肺脏等重要部位。所以家长在雾霾天时别忘了给宝宝吃富含维生素 C 的新鲜水果和蔬菜。每天一杯温柠檬水也能帮助宝宝补充维生素 C，还有助于润肠排毒，是不错的选择呢！

我们的肺脏很"娇气"，更别说宝宝的了，它很不喜欢雾霾天的干燥和粉尘颗粒，很容易累积毒素。所以在雾霾天，别忘了多给宝宝吃萝卜、百合、黑木耳、海带、绿豆、豆芽、豆腐等有助于排毒的食物，能帮助宝宝提高肺脏的抗病毒能力。

金针菇、香菇、平菇等菌类食物中的某些成分有很好的抗过敏作用，宝宝经常吃，有助于提高他的抗过敏能力，避免因为雾霾而引发哮喘、鼻炎等过敏症状。

维生素 C 也不能少

多吃菌类食物好处多

排毒食物也很重要

水——雾霾天宝宝最好的饮料

水可是好东西，它是宝宝对抗雾霾天最好的"武器"。水能冲淡宝宝身体里累积的尘埃和毒素；水能滋润肠道，帮助宝宝排出身体里的毒素……雾霾天，一定要让宝宝多喝水——专家建议每天的饮水量在 800 毫升左右（视宝宝的情况让他量力而行，不要强求宝宝一定要喝够这个数）。

喝水也有学问？

饭前不要让宝宝喝太多水，要不然宝宝有饱腹感了就不好好吃饭。

睡前让宝宝少喝水，毕竟宝宝还小，还不能像大人一样自如地控制排尿，睡前喝水晚上有可能尿床，也有可能因为起来上厕所而影响睡眠质量。

不能给宝宝喝冰水、生水，以免引起肠道不适或发生肠道疾病。

给宝宝喝水时，让他一小口一小口地慢慢喝，时不时喝上几口，不要一口气喝上一大杯水，这样对胃不好，也不利于水的吸收。

鲜！香！爽！宝宝肯定会爱上它。抗霾并不难，用它就好。

鲜豆浆
杂菇煲

材料 胡萝卜 1 小段，嫩豆腐 1 小块，黄豆、平菇、蟹味菇、杏鲍菇各适量。

调料 高汤适量。

开始做饭喽！

1　黄豆提前用水浸泡，等它涨发了就放在豆浆机里，加入适量的水，按下"湿豆浆"按键，豆浆机就会自动工作，把黄豆打成豆浆。

◇ 按照豆浆机内壁上的水位刻度，加水至最高水位和最低水位之间。

2　新鲜的平菇、蟹味菇、杏鲍菇洗净，分别切成片；胡萝卜洗净，切片。

3　豆浆打好后，用买豆浆机时送的滤网过滤，直接把豆浆过滤到锅里，倒入适量高汤调味，中火烧开后转小火，放入新鲜菌菇和胡萝卜片煮 3~5 分钟。

◇ 高汤里通常含有一些盐分，所以不用再加盐了。

4　汤将熟时，将豆腐用小勺碾碎，放入锅中，搅匀略煮即可出锅。

营养细细看 ☺

肺最怕干燥，一干燥了就容易咳，特别是雾霾天，大人咳嗽都难受，更别提宝宝了。胡萝卜和新鲜的菌菇能养肺滋阴，很适合雾霾天时吃。它们所含的一些营养成分还能帮宝宝提高免疫力，对雾霾给呼吸道带来的各种不适有一定的预防作用。

换着花样吃 🍒

菌菇类可以任意更换，黄豆也可以和无花果、雪梨一起放进豆浆机打成豆浆，清肺润肺的效果很不错。

215

雪耳山药苹果羹

材料 山药 250 克，苹果 1 个，银耳 20 克。

调料 蜂蜜、糖桂花各适量。

开始做饭喽!

1 山药洗净，戴一次性手套，用削皮刀去掉山药的外皮，然后用水冲一冲，再切成小块。

2 苹果洗净去皮，切成小块；银耳用温水泡发，去掉黄色的根部，然后用手撕成小块，沥干水。

3 将山药块、苹果块、银耳放入盆中，加适量清水浸泡 10 分钟（注意盆口需用保鲜膜封好，以免食材长时间接触空气而变黑），然后全部

放入砂锅里，加入适量清水，大火煮沸后转中小火炖 1 个小时左右，再用勺子搅一搅，盛一些汤看看，如果银耳出胶，有黏稠的感觉，汤水就熬好了。

4 盛出汤水，调入 1 大勺糖桂花和适量蜂蜜拌匀就可以了。

营养细细看 ☺

这道菜里的银耳味甘、淡，性平，无毒，既有补脾开胃的功效，又有益气清肠、滋阴润肺的作用。经常用它们炖汤喝，可以增强小朋友的免疫力，又可以在雾霾天帮助小朋友润肺。

换着花样吃 🍒

作为甜品汤，其实许多食材都可以相互替换，山药可以换成红薯或紫薯，苹果可以换金橘、火龙果等水果。也可以将这些食材拌成沙拉食用。

217

宝宝着凉咳嗽了，但他闹着吃冰激凌，拗不过给他买了，结果咳嗽更严重了；宝宝发热了，吃得少，要补营养，就吃鸡蛋吧，结果"好心办坏事儿"，反而让宝宝的体温更高了……吃可是一门大学问，尤其宝宝不舒服的时候，吃得对才好得快。那宝宝不舒服时应该怎么吃呢？请详细看这一章节的内容。

Part 5

宝宝身体不舒服，吃对了才好得快

感冒 风寒还是风热？吃得对才好得快

小外甥一有风吹草动，老妈和妹妹就草木皆兵。有时只是普通的感冒，小外甥有些流鼻涕，并没有咳嗽、发热的症状，老妈和妹妹就火急火燎地要给他吃感冒药。每次看着家里的两个女人这么折腾，我只好当"黑脸"劝阻她们，让她们观察清楚症状了再给宝宝吃药。咱们这一小节就来说一说感冒。

❤ 宝宝感染风寒感冒时的护理

大多数的感冒都可出现鼻塞、流鼻涕、打喷嚏、咳嗽的症状，但家长可以从一些细微处分辨感冒的证型。例如宝宝患有风寒感冒时，除了以上症状外，还会出现怕冷、流清鼻涕、痰白且清稀、头痛、低热（37.2℃~37.5℃）、便秘等症状。

啰啰唆唆带娃经

1. 在家里给宝宝盖稍微厚一点的被子，让宝宝微微出汗，可使宝宝身体里的风寒邪气随汗液排出体外，但注意不要让宝宝大汗淋漓，这样反而会使宝宝着凉而加重感冒。宝宝发汗后，要立即给他换上干净的衣服，让他多喝温开水，以补充因出汗而流失的水分。

2. 风寒感冒多发生在深秋、冬季和初春，这几个时间段带宝宝进行户外活动，要随时准备一件外衣，等宝宝活动结束时穿上。同时，还要随时摸摸宝宝的手脚和后脖颈是否温暖，如果不够温暖，说明宝宝的衣服保暖度不够，需要加衣服。

🌱 宝宝患有风热感冒时的护理

跟风寒感冒不同，风热感冒常发生在晚春、夏季和初秋季节。风热感冒在症状上跟风寒感冒有些相似，都出现鼻塞、打喷嚏、咳嗽的症状，不同的是患有风热感冒的宝宝通常流浓的黄鼻涕，还伴有发热重、头胀痛、有汗、咽喉肿痛、痰黄而稠、口渴等症状。

 唠唠唆唆带娃经

1.每隔30分钟~1小时给宝宝量一次体温，若在38.5℃以下，可通过擦温水澡、贴退热贴等方式退热；若超过38.5℃，则需要遵医嘱用药。

2.给宝宝喂一些清热的果汁，如西瓜汁、葡萄汁、马蹄汁、绿豆汤等。这些食物要加热至微温再喂给宝宝，不能给宝宝吃冰冷的，以免刺激他的肠胃引起腹泻。

3.宝宝出汗多时，不要让宝宝对着空调、电风扇吹，因为风热感冒的宝宝皮肤毛孔会因为发热而张开，这是机体自身的调节机制，此时如果让宝宝对着空调、电风扇吹，容易让皮肤毛孔遇冷收缩，使热气被"堵"回体内而加重发热。

🌱 风寒感冒和风热感冒的区别

风寒感冒	风热感冒
感觉全身发冷、发紧，面色偏白，受凉严重时全身疼痛	口气重、有异味
鼻塞、流清鼻涕，如果风寒感冒症状比较重，鼻涕会像水一样止不住地流	鼻塞、流黄鼻涕、鼻涕发黏。
咳嗽不重、不深，通常在上嗓位置	热入肺后，会出现咳嗽症状，此时的咳嗽位置比较深，来自胸腔，声音响亮，如果有痰的话，咳嗽的声音会略显沉闷
嗓子不疼	嗓子红、肿、疼，扁桃体肿大。小朋友可能会指着嗓子说疼
发热不严重，通常在38℃左右	有发烧症状，如果是普通感冒，热度一般不会超过39℃；如果是流感，则一般会达到39℃以上
小便不黄	小便黄、气味大
舌苔不黄、唇色发白	舌苔黄、嘴唇红、舌尖红
痰稀、不稠不黏、痰色白	痰色黄、黏稠

❦ 两种证型感冒都要注意的问题

不论是风寒感冒还是风热感冒，家长在护理生病的宝宝时，都要注意以下问题：

1 保护好宝宝的鼻子

风寒感冒或风热感冒通常都会出现打喷嚏、流鼻涕的症状。当家长看到宝宝流鼻涕时，最好用干净的纱布轻轻揾干鼻涕。如果用卫生纸擦拭，可在宝宝的鼻子两侧、鼻孔下方，涂抹适量的凡士林或红霉素眼膏，以保护宝宝鼻子部位的皮肤，避免因为反复擦拭而变得红肿、疼痛。

如果宝宝在呼吸时发出呼噜噜的声音，说明可能是鼻塞、呼吸困难了。这时，家长可以让宝宝自己用温毛巾敷鼻子，有助于通鼻。

2 让宝宝多休息

宝宝感冒后，要减少户外活动的时间，让他多休息，因为人生病后只有多休息，才能为机体进行自我修复提供时机。

3 室内保持合适的湿度

北方秋冬季节干燥，宝宝感冒后在干燥的环境里待的时间长了，容易出现鼻子干痒、鼻塞加重的情况。这时，可用加湿器给室内加湿，使空气变得湿润起来，有助于鼻塞的缓解。

❦ 宝宝鼻塞难受？小小按摩显身手

感冒的时候最难受的就是鼻塞了，鼻子不通气，大脑得到的氧气不够就会头晕。那么，怎样帮宝宝缓解这种不适呢？我有一个好方法——按摩鼻子。具体做法：让宝宝双手对搓，把手指搓热后，用食指按压迎香穴（就在鼻翼的两边，左右各一个），当觉得鼻子被按压、有酸胀感时就放开，接着再按压，直至鼻塞的症状缓解。

迎香穴

宝宝鼻涕多，又不容易擤出来，这是鼻塞的主要原因。我有一个好方法帮宝宝对付鼻涕，那就是打喷嚏。准备0.65%生理盐水（即医院输液时使用的灭菌生理性氯化钠），用小滴管把生理盐水吸出来，滴一滴到宝宝的鼻孔里，以软化分泌物。也可以把生理盐水滴到灭菌细棉棒上，然后小心地塞进宝宝的鼻孔，刺激他的鼻子，让他打喷嚏，这样有助于清除分泌物，鼻塞就可以得到缓解了。

❦ 宝宝感冒时的饮食指导

（一）宝宝感冒期间和感冒后的饮食

1. 多给宝宝喂温开水

不论是风寒感冒还是风热感冒，都要给宝宝多喝水，以促使身体里的病毒随尿液排出体外，促进感冒的痊愈。

2. 以流质食物为主

宝宝感冒发热后，胃口会变差，这时应给宝宝准备清淡、容易消化、营养丰富的流质或半流质食物，如配方奶、藕粉、菜汤、烂粥、面片汤等。尽量少吃比较粗的固体食物，以防咳嗽时呛入气管。

3. 暂时不要给宝宝吃鸡蛋

鸡蛋含有丰富的蛋白质，进入人体后可分解成能量物质，加重发热症状，使得宝宝感冒病程延长，所以宝宝感冒期间要暂停吃鸡蛋，等痊愈后再吃。

4. 忌给宝宝吃冷饮

宝宝有时看着别人吃雪糕、喝冷饮会嘴馋，而雪糕、冷饮等可加重宝宝的咳嗽症状，所以宝宝感冒期间应忌吃冷饮、雪糕。

（二）适合 3~6 岁宝宝的感冒食疗方

家长除了遵守上面说的饮食原则之外，还可以用生活中常见的食物给宝宝做药膳，不过要注意区分是风寒感冒还是风热感冒，对症食疗效果才好。下面是我从儿科专家那里请教来的食疗方，供家长们参考：

紫苏粥 ···

材料 紫苏 5 克，大米 100 克。

做法 大米淘洗干净后放入锅里用小火熬成粥，要起锅前放入紫苏叶继续煮 5 分钟左右即可。佐餐，凉到不烫嘴后给宝宝吃，让宝宝发汗。

功效 紫苏辛温，有发汗、散寒、退热的作用，能帮助宝宝缓解风寒感冒。

薄荷粥 ···

材料 薄荷 15 克，大米 50 克，冰糖适量。

做法 将薄荷放入砂锅中煎，去渣取汁，放凉；大米淘洗干净，加水煮粥，待粥将熟时加入薄荷汁及适量冰糖，再煮沸即可。空腹服食，稍温即服，每日 2 次，服后出汗最好。

功效 薄荷清凉解表，煮粥后让宝宝趁热吃，发一发汗，把热毒排出去，从而有效缓解风热感冒带来的不适。

麦冬乌梅梨汤 ···

材料 麦冬 15 克，乌梅 6 枚，梨 1 个。

做法 麦冬、梨分别洗净，切碎，和乌梅一同放入砂锅中，加入适量水，中火煎煮 15 分钟，滤渣取汁即可。每日 2 次，当日吃完。

功效 宝宝患有风热感冒时，最常见的症状就是发热、口干舌燥、咽喉肿痛，这时他需要津液的滋养和濡润。这道麦冬乌梅梨汤就不错，清清润润的，能滋阴生津，缓解风热症状。

🌱 宝宝感冒快好了，也不能掉以轻心

宝宝的感冒经过家长细心的照顾得到了缓解，眼看就快好了，不用再小心翼翼了吧？不行，越是到最后越不能掉以轻心，小心感冒病程延长或病情反复。那么，家长应该怎么做呢？看我陈小厨的带娃经验：

（一）风寒感冒的后期巩固

1. 宝宝生活起居的护理

在宝宝的生活起居方面，家长要特别注意以下几点：

◎让宝宝适当休息，室内经常通风换气，并保持冷暖、温湿度适宜。

◎带宝宝多晒太阳，有助于促进体内阳气升发，驱赶寒邪。

◎带宝宝进行一定的户外运动，锻炼身体，增强脾胃功能，提高免疫力。

2. 饮食调理也很重要

在感冒恢复期，宝宝的脾胃功能偏弱，所以，建议给宝宝吃些清淡的饮食，新鲜绿色蔬菜、水果等可以适当多吃点，但那些滋腻、寒凉的食物就不要给宝宝吃了，以免加重脾胃负担。可以用山药、红枣、大麦煮粥喝，有健脾养胃的作用。

（二）风热感冒的后期巩固

1. 宝宝生活起居的护理

在感冒恢复期，要适当给宝宝增减衣服。捂热了容易让宝宝因为出汗而体温升高，出汗多也容易让宝宝身体发虚。同时也不能因为怕宝宝发热就给他穿得很清凉，这样容易着凉。我的建议是给宝宝穿衣服后摸摸他的手，不感觉热也不感觉凉为宜。还要时不时摸一摸宝宝的后背，看他出不出汗，如果出汗要及时让他换上干净的内衣。

2. 饮食调理也很关键

◎给宝宝的饮食一定要清淡、易消化，且富有营养，比如各种粥、汤、面条等，配上一些清淡可口的蔬菜，以及新鲜多汁的水果。

◎忌食各种辛辣、肥甘厚腻的食物，因为宝宝感冒后肠胃功能比较弱，这些食物会刺激肠胃，且不容易消化，不利于病情的恢复。

◎饮食不要贪凉，否则会损伤脾胃，导致消化不良。

◎让宝宝的饮食有节制，不能因为有胃口了就放开了吃，脾胃消化不了容易造成积食，使病情反复。

让宝宝趁热喝，甜中带着一点点辛辣，风寒感冒快快好起来。

葱白生姜红糖水

材料 连须葱白 2 段，姜 2 片。

调料 红糖 20 克。

开始做饭喽！

1. 葱剥去外皮，保留葱须，清洗干净，尤其是葱须，多多少少都会有些泥，一定要洗干净了。葱洗完之后，分别切下两节 1 寸左右的带须葱白（靠近葱根处纯白色的部分）。

2. 把生姜洗干净，用小刀子轻轻地刮掉一段表皮，然后将不带皮的部分切下 2 片（1 元硬币大小）。

3. 把切好的葱白和生姜片一起放进锅里，倒入适量清水，水要没过葱段和姜片，盖好锅盖，开大火煮沸后转成小火继续煮 10 分钟。

4. 打开锅盖，放入红糖，边煮边轻轻搅拌至糖化，然后关火，把葱白与姜片捞出，接着把葱姜糖水盛入杯子或者小碗中，凉到宝宝能接受的温度时让他趁热喝下去，然后盖上被子让他微微发汗，感冒很快就能好起来。

营养细细看 ☺

葱白生姜红糖水是自古流传的治疗风寒感冒的良方，其中红糖有活血作用，能改善体表循环，生姜能解表散寒。在此基础上，加上散寒通阳的葱白，解表散寒的效果更好。

换着花样吃 🍒

不放葱白，直接煮红糖姜水也可以。或者用连须葱白、生姜和白萝卜搭档，先用 3 碗水把白萝卜煮熟，再放连须葱白和生姜一起煮，煮到只剩 1 碗水的时候就可以了，让宝宝趁热吃菜喝汤，食疗效果也不错哦。

感冒咳嗽了喉咙痛？柠檬和薄荷的清香会让宝宝的喉咙变得好舒服。

青柠檬薄荷茶

材料 柠檬 2 片，薄荷适量。

调料 蜂蜜适量。

开始做饭喽！

1 用一个大点儿的容器，放入 1000 毫升凉开水。

❀ 水的量不好掌握？买一瓶 500 毫升的矿泉水，水喝完后不要扔掉瓶子，留一个在家里，需要用水时用它来盛就好。

2 取几片薄荷叶子，请宝宝帮忙用清水冲洗干净。接下来，家长用厨房剪刀把薄荷叶剪成小片，然后放入备好的凉开水中浸泡 1 小时。

3 柠檬洗干净，然后切两片薄片，放入薄荷水中浸泡 30 分钟。**切柠檬片的方法**：把新鲜的柠檬洗干净，擦干水，放到冰箱的冷冻室里，1 个小时后把柠檬取出来，这时柠檬内部的水分已经冻住了，但外皮还没有冻硬，正是切柠檬最好的时机。你可以一手扶着柠檬，一手用锯齿刀慢慢地将柠檬切成薄片。

4 调入适量蜂蜜，搅匀就可以了。加蜂蜜时要一点点地加，不要一次放太多。

❀ 这项工作可以让宝宝来做哦，相信他会很乐意的。

营养细细看 ☺

薄荷辛凉解表、清热解毒，它对风热感冒的呼吸道症状非常有效，还可以促进排汗，减轻发热症状。柠檬中含有丰富的维生素 C，有抗菌、开胃、消食、解暑的作用，同样适用于风热感冒。薄荷和柠檬搭档的这款青柠檬薄荷茶，适合在宝宝热症初起的时候饮用，清热退热的效果不错的。

换着花样吃 🍒

可以用菊花代替柠檬，清香的菊花开胃消食、清热去火的作用也不错呢。

洋葱鸡肉
炒蘑菇

宝宝感冒了？来点儿营养又清淡的吧，就它了！

洋葱 1 个
口蘑 300 克
鸡肉 100 克
青椒 1 个
葱适量
姜适量

调料

植物油适量
蒸鱼豉油适量
白糖少许
盐少许

230

开始做饭喽！

1　把口蘑放在淡盐水里浸泡 10 分钟，轻轻搓掉蘑菇表面的污渍，换水，用手在盆中沿着一个方向搅动，使口蘑旋转起来，多洗几遍，直到没有泥沙残留为止，捞出洗净，切成厚 3 毫米左右的片，再用开水焯 1 分钟，捞出沥干。

2　青椒洗净，去蒂、籽，切成小块；洋葱洗净，切成跟青椒差不多大小的块。

3　鸡肉洗净，放在冰箱冷冻室里冻 15 分钟左右，当感觉肉变硬时拿出来切片；葱、姜洗净，切丁备用。

4　在炒锅内放入少量植物油，烧热后放入葱末和姜末，翻炒出香味，放入鸡肉片翻炒到变色，把焯好的口蘑放进锅里一起炒，淋一点蒸鱼豉油。

5　加入洋葱和少许白糖，继续翻炒，待洋葱的颜色变得通透时放入青椒块，炒到青椒块颜色加深的时候放一点盐炒匀，就可以关火了。

营养细细看 ☺

这道菜里我要重点说一说口蘑和洋葱。口蘑被称为"素中之肉"，它富含十多种微量元素，其中钙、镁、锌、硒、锗的含量比一般的食用菌高几倍甚至几十倍，且人体吸收效果非常好，宝宝经常吃口蘑，有助于提高免疫力，预防感冒。洋葱也是我们常见的养生食材，它有排毒杀菌的作用，又是增强免疫力的能手，还能缓解风寒感冒的症状。

换着花样吃 ✿

宝宝如果患上的是风热感冒，做这道菜时就不要加肉了，直接炒青椒蘑菇就可以了。你也可以把青椒换成其他蔬菜，如胡萝卜、芹菜等，只要宝宝喜欢，都可以尝试。尤其是他生病期间，当他提出想吃某种蔬菜时，别拒绝他。

绿豆芽
脆爽沙拉

宝宝不爱吃饭？大多是
因为爸爸妈妈的厨艺不过关，
要努力提升哦。

材料

银耳 1 朵
芹菜适量
绿豆芽适量
红甜椒少许

调料

盐适量
白糖适量
白醋适量
橄榄油适量

开始做饭喽！

1　银耳用清水泡发，然后去掉褶皱里的杂质和根部发黄部分，用清水冲洗干净，撕成小朵。

2　芹菜择去叶子，洗干净，然后切成斜段；绿豆芽用水多冲洗几遍，沥去水；红甜椒洗净，去蒂、籽，切丁。

3　锅里放入半锅水，大火烧开后放一点植物油和盐，再放入银耳、芹菜段和绿豆芽，煮2分钟左右后捞起来用冷水冲一冲，沥干水备用。

✿ 焯水后用冷水冲，能让食材的颜色更鲜艳、更清透，令这道菜卖相更佳。

4　取一个大碗，放入处理好的银耳、芹菜和绿豆芽，撒入红甜椒丁，放少许盐、白糖和白醋拌匀，最后淋少许橄榄油拌匀就可以了。

营养细细看 ☺

　　绿豆芽和芹菜都是凉性食物，有清热解毒的作用。宝宝外感风热时常会出现喉咙痛、小便发黄、大便干燥等上火的症状，适当吃一些芹菜和绿豆芽能缓解上述症状。

换着花样吃 🍒

　　可以把红甜椒换成胡萝卜或西瓜翠衣。胡萝卜切丝，或西瓜皮片去红瓤和外层硬皮后切丝，和绿豆芽一起拌，口感脆脆的，很适合感冒时胃口不好的宝宝吃哦。

奶酪洋葱汤

不论大人还是宝宝，感冒最常见的症状都是咳嗽。一咳嗽就喉咙痛，喉咙痛了就不想吃东西。那怎么办呢？我的方法是准备一些松软可口的汤羹，吃起来不费劲儿，而且滑滑的香香的，能打开宝宝的胃口。今天我要做的这道奶酪洋葱汤，就是小外甥着凉感冒后必点的。有了它，即使宝宝不吃饭也没关系，因为这道汤羹能给宝宝提供很多营养。还等什么，赶紧试试吧！

材料

带骨鸡肉 200~300 克
胡萝卜 1 根
西芹 2 根
洋葱 2 个
法棍面包 1 片
干罗勒叶 1 勺
奶酪 3 片

调料

香叶 1 片
黄油 30 克
橄榄油适量
盐适量
白胡椒粉少许
鸡汤 1 碗

开始做饭喽！

1 把带骨的鸡肉用清水洗几遍，洗净血水后放进沸水锅里煮一下，撇去浮沫，鸡肉颜色发白时捞出。

2 胡萝卜洗干净后刨去外皮，切成厚 1 厘米的片。

3 将一个洋葱切成大块，另一个洋葱切成半厘米宽的丝。

4 将鸡肉、胡萝卜片、洋葱块一起放进锅里，加半锅冷水，放入干罗勒叶，大火烧沸，改成小火慢炖，至少 3 个小时，炖好后用勺子或铲子撇去浮油和罗勒叶。

5 平底锅中放入黄油加热至化开，放入洋葱丝和少许盐炒到洋葱变得透明，将鸡汤和香叶放入锅内，大火烧沸后改成小火，再放入少许盐和白胡椒粉，继续煮 10 分钟。

6 煮汤的过程中把烤箱设置 180℃ 预热，用小刷子在面包片的两面都刷上橄榄油，然后放入预热好的烤箱里，烤到变色的时候取出来。

7 把汤盛在碗里，面包片放在盘子上，让宝宝用汤泡着面包片吃，或者一口面包片一口汤，都很美味。

变 奶酪洋葱汤 蒜味番茄蛋汤

宝宝感冒了胃口不好？不喜欢吃洋葱？没关系，把洋葱换成西红柿，带点儿酸酸的味道，配上奶酪的甜味，可以调动宝宝的胃口，最重要的是多数宝宝喜欢这种味道。再配上营养丰富的鸡蛋，抗炎杀菌的大蒜，香辛解表的香菜，非常适合患有风寒感冒以及感冒初愈的宝宝。不过，要特别提醒家长们，如果宝宝发热了就先不加鸡蛋，可以换成宝宝喜欢吃的蔬菜，红配绿也很诱人。

> 洋葱→大蒜 2~3 瓣。增加鸡蛋 1 个、西红柿 1/2 个、香菜少许

1 把大蒜剥去外皮，取一半放在菜板上，用刀拍碎；锅中放少量水烧沸，把西红柿放入沸水里滚一下，取出撕去外皮，然后用刀纵向切成几块，去掉籽，切成小块；香菜择洗净后切成细末。

2 按照上页奶酪洋葱汤的做法 1、2、4 做基础鸡汤，只不过要把洋葱换成大蒜 2~3 瓣。

3 锅中放少量植物油加热，把西红柿块和蒜碎放入锅里，用铲子快速翻炒。

4 往锅里放两碗鸡汤、少许盐和白胡椒粉，大火烧开后煮 5 分钟。

5 把鸡蛋直接打到汤里，不要搅拌，等再次烧沸后继续煮 5 分钟。

6 关火，将煮好的汤和荷包蛋一起盛进碗里，表面撒些香菜末就做好啦。

对于风寒感冒的宝宝来说，奶酪洋葱汤很不错哦。洋葱里含有的植物杀菌素能帮助宝宝抵抗感冒病毒，健康的宝宝适当吃些洋葱能预防感冒哦。感冒时宝宝胃口一般不怎么好，奶酪含有丰富的钙质、蛋白质，能帮助宝宝补充营养，增强体质，为宝宝抵抗感冒病毒提供物质上的支持。

换着花样吃

可以放宝宝喜欢吃的其他蔬菜、水果，变成花式奶酪洋葱汤。相信给宝宝"自主权"，宝宝会更愿意吃。

咳嗽 清淡饮食，不给喉咙增加负担

说到咳嗽，前面一个小节已经说了感冒，而感冒是导致咳嗽的主要原因，这里再说一遍是不是多此一举？非也！咳嗽的原因有很多种，如果用药不对了会让病程迁延、症状变得更严重。大人还好，扛一扛就过去了，宝宝还小，抵抗力也差，可不能扛。现在我们一起来了解咳嗽的原因和对策，以下内容家长们可多多参考：

小儿咳嗽的常见原因及对策

咳嗽原因	特点	伴随症状	应对措施
普通感冒引起的咳嗽	为一声声刺激性咳嗽，刚开始无痰，随着感冒的加重可出现咳痰的情况	嗜睡，流鼻涕，有时可伴随发热，体温不超过 38 ℃；精神差，食欲不振，出汗退热后症状消失，咳嗽仍持续 3~5 天	● 多喂宝宝一些温开水。 ● 咳嗽严重时给宝宝适当吃感冒药或止咳药，具体用药应遵医嘱
流行性感冒引起的咳嗽	喉部发出略显嘶哑的咳嗽，有逐渐加重趋势，痰由少至多，也由稀变浓	常伴有反复发热，持续 3~4 天；呼吸急促，精神较差，食欲不振等	● 立即就医，遵医嘱用药 ● 给宝宝多喝温开水
过敏性咳嗽	持续或反复发作的剧烈咳嗽，多呈阵发性发作，夜间咳嗽严重，痰液稀薄，呼吸急促	常伴有鼻塞、皮肤长疹子、打喷嚏等过敏症状	对家族有哮喘及其他过敏性病史的宝宝，咳嗽应格外注意，及早就医诊治
肺炎	咳嗽持续时间长，超过 1 周以上，严重者咳嗽时可出现气喘、憋气、口周青紫等	常伴有发热、呕吐、腹泻、呼吸急促等症	及时就医，遵医嘱用药，必要时住院输液

❤ 宝宝咳嗽了一定要立刻去医院吗？

可在家帮助宝宝解决的咳嗽

1. 宝宝咳嗽不严重，只在清晨或晚上咳嗽，这很可能是早晚天气比较凉，刺激支气管而引起的。家长注意宝宝的保暖问题，让他多喝热水就可以了。

2. 宝宝虽然咳嗽，但没有发热的情况，精神也不错，咳嗽的症状并不严重，这多是普通感冒或扁桃体炎引起的，家长需要让宝宝多喝水，清淡饮食。观察一段时间，若经过细心调理后宝宝咳嗽症状减轻，就不必去医院就诊了。

需要及时就医的咳嗽

1. 宝宝咳嗽很厉害，呼吸困难，有可能是宝宝误吞花生、药丸、纽扣等颗粒物而堵住气管导致的，这时家长应立即带宝宝去医院治疗。

2. 宝宝咳嗽严重，伴有喘鸣、高热、呼吸困难、呕吐、脸色发紫等症状，有可能是肺炎或支气管炎导致的，应立即就医。

🌱 宝宝咳嗽，家长这样护理

宝宝咳嗽了，除了遵医嘱用药外，家长的细心护理也很重要。那么，宝宝咳嗽时居家护理应注意哪些问题呢？

让宝宝多喝水

不论是什么原因引起的咳嗽，让宝宝多喝水绝对是正确的。我建议家长每隔几分钟就让宝宝喝几口温开水，特别是咳嗽之后应立即喝水，因为宝宝咳嗽时喉咙容易肿痛，喝水能润喉，还能帮助毒素排出，促进疾病痊愈。

保持居室的清洁

家长要经常打扫居室卫生，清理家中的死角，如电视机、电脑、茶几、床下、沙发缝等，这些地方容易积灰。家长清理时可用湿抹布，以减少灰尘扬起，或者在清理时让宝宝去另外一个房间待着，因为咳嗽的宝宝若吸入灰尘，可能因刺激呼吸道而加重咳嗽，不利于病情的恢复。

经常清理宝宝的用具

宝宝的床单、被褥、毛巾等用品要经常换洗，放在阳光下暴晒进行消毒，以减少病菌。宝宝的玩具也要经常清洁消毒，尤其是毛绒玩具，有可能是螨虫的"栖息地"，会引发过敏性咳嗽，毛绒玩具上掉落的毛被宝宝吸入后也可加重咳嗽的症状。

注意室内的温度和湿度

家里太干或者湿气太重，温度过高或过低，都不利于咳嗽的痊愈。我建议家长在家里准备一个温度计和一个湿度计（或温度/湿度合一的），并根据室温给宝宝穿适当厚度的衣服，如果湿度低于20%，就要用加湿器了。

冬天外出时戴口罩

如果宝宝是在冬季咳嗽，外出时家长要让他戴上口罩，或者围上围巾、丝巾，遮住脖子，以免支气管受冷空气刺激而加重咳嗽。

教宝宝咳痰

3~6岁的宝宝模仿能力很强，家长可以教他怎么咳痰。如果宝宝一时学不会，家长也不要着急，你可以在他咳嗽时把他竖着抱起，轻轻地拍打后背，能缓解咳嗽带来的不适。

夜间睡觉时抬高宝宝头部

如果宝宝夜间咳嗽比较多，家长可以给他垫个稍微高点儿的枕头，因为平躺时，宝宝鼻腔内的分泌物很容易流到喉咙下面，引起喉咙瘙痒，致使咳嗽在夜间加剧，而抬高头部可减少鼻分泌物向后引流，减轻症状。

给宝宝拍痰

如果宝宝咳嗽不止，喉咙里有痰声，说明他支气管里有痰，家长可以经常给他拍拍背，使痰液松动而容易排出。方法为：让宝宝侧卧，家长五指微曲成半环状，即半握拳，轻拍宝宝的背部，两侧交替进行。拍击力量不宜过大，由上而下，从外向内，依次进行。每侧拍3~5分钟，每天2~3次。

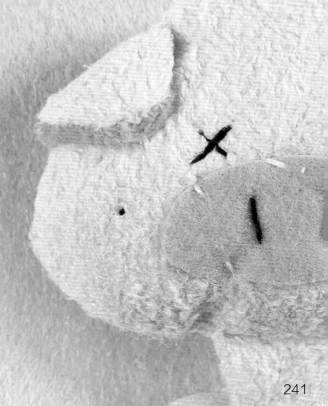

❤ 宝宝咳嗽了要立即止咳吗?

很多家长一看宝宝咳嗽,就立即给他吃止咳药,恨不得药物立马见效,把咳嗽止住。在这里提醒各位家长,宝宝咳嗽千万不要盲目止咳。下面就拿最常见的痰咳和干咳为例加以说明。

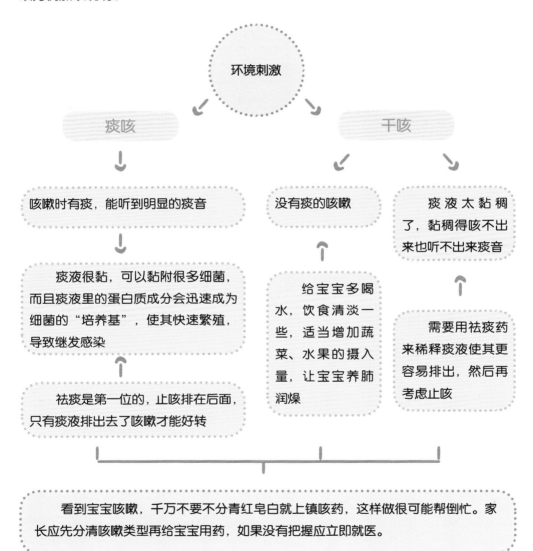

看到宝宝咳嗽,千万不要不分青红皂白就上镇咳药,这样做很可能帮倒忙。家长应先分清咳嗽类型再给宝宝用药,如果没有把握应立即就医。

❤ 按摩 3 分钟,宽中理气治咳嗽

如果宝宝咳嗽比较严重,家长可以用按摩的方法帮他宽中理气,缓解咳嗽及因咳嗽而引起的胸闷、气喘症状。方法:家长用拇指轻揉宝宝胸口中央的膻中穴 2~3 分钟,

然后让宝宝躺下，双手拇指相对，从胸骨顺着肋间向外分推至腋中线，反复按摩3分钟。

按揉宝宝膻中穴

拇指相对，从胸骨顺着肋间向外分推至腋中线

🌱 宝宝咳嗽时的饮食指导

宝宝咳嗽期间的饮食宜忌

宜
○饮食宜清淡、易消化，尽量以流质、半流质食物为主。
○宜多给孩子吃新鲜的蔬菜、水果，可以榨汁后食用。

忌
○忌给孩子吃油腻以及过咸、过甜的食物。
○忌给孩子吃冷冻食物、碳酸饮料、冰镇饮料以及辛辣食品。
○忌给孩子吃花生、瓜子、巧克力等油脂、糖分含量过高的食物。
○忌让孩子吃得太饱；忌吃饭时说笑，因为可能把食物咳入气管里，引发更严重的后果。

宝宝咳嗽时需要它们

宝宝咳嗽了，需要更多的营养支持来消灭病菌，具体需要哪些营养素呢？请看下表：

营养素	作用	食物推荐
维生素A或胡萝卜素	强化免疫系统功能，并能保护或修复呼吸道上皮细胞，改善咳嗽	胡萝卜、紫甘蓝、菠菜、包心菜类、南瓜、西蓝花等蔬菜，木瓜、芒果等水果
B族维生素	增强体力，提高免疫能力，阻挡异物入侵呼吸道	糙米类及全谷类面包，豆类、绿叶蔬菜
维生素C	抗病毒，抗细菌感染，缩短感冒引起的咳嗽的病程	紫甘蓝、芦笋、青椒、包心菜类等蔬菜，柠檬、番石榴、柑橘类等水果
维生素E	增加抗体，清除引起咳嗽的病毒，对呼吸系统疾病有防治作用	莴笋、菠菜等深绿色蔬菜，大豆、花生等豆类，小麦、糙米等谷类，小麦胚芽油、大豆油等油类，坚果

洁白的马蹄和雪梨，红色的胡
萝卜，小朋友肯定没法拒绝。

马蹄胡萝卜雪梨水

材料 马蹄 200 克，胡萝卜 1 根，雪梨 1 个。

调料 冰糖、盐各适量。

开始做饭喽！

1. 用刷子将马蹄刷洗干净，彻底冲掉泥沙，沥干水后用削皮刀去皮，找一把尖一点儿的小刀，用刀尖把没有削到的皮轻轻剜下来。如果你觉得这一步太麻烦，也可以直接买已经削好皮的马蹄，这样就可以省掉这道复杂的工序了。把处理好的马蹄切成块。

2. 用盐将雪梨表面轻轻揉搓一遍，再用清水冲洗干净，不用去皮，直接切成与马蹄大小相同的块。如果宝宝对梨皮很抗拒，也可以去掉梨皮，让宝宝开心进食。果核部分太酸，就不要了。

3. 用刷子将胡萝卜洗干净，切成块。如果无法彻底清洗掉胡萝卜外皮上的泥沙，也可去皮、洗净，再切块。

4. 用砂锅或者不锈钢锅烧开一锅水，放入马蹄块、雪梨块、胡萝卜块，盖好锅盖，开大火烧沸，改成小火，熬煮 30 分钟。

5. 往锅中放几块冰糖，待糖溶化即可。

营养细细尝

马蹄清热止咳，利湿化痰；雪梨清心润肺、止咳平喘，它们都是咳嗽时常用的食疗佳品。对于肺燥咳嗽、风热感冒咳嗽，马蹄、雪梨的润肺止咳效果不错哦。

换着花样吃

用金橘、百合、无花果等和雪梨炖汤，止咳润肺的效果也很不错。

甜甜的，很好喝哦！打开盖子，雪
梨里面"别有洞天"呢！

川贝罗汉果雪梨羹

材料 雪梨1个,川贝母粉1克,罗汉果半个,冰糖适量。

开始做饭喽!

1 抓一把细盐将雪梨表面轻轻揉搓一遍,用清水冲洗干净,在距梨把三分之一处用刀切开,分成两半。大的部分用勺子把中间挖出一个洞,就成了一个梨盅。小的部分是梨盅的盖子,梨子把儿不要挖掉,可以当盖纽用。

2 把罗汉果塞入梨盅里,再把川贝母粉倒在里面,最后放入冰糖,盖好盖子,在盖子边缘自上而下扎几根牙签,将梨盅和盖子固定在一起。

罗汉果和川贝母粉在药店都可以买得到。

3 蒸锅里放入适量的水,开大火烧沸,把梨子盖朝上放在一只大碗里,放入蒸锅中,隔水蒸30分钟即可。

营养细细看 ☺

川贝本来就是润肺、止咳平喘、清热化痰的名药,再搭配甜甜的罗汉果和清甜的雪梨,止咳的效果棒棒的。不过雪梨和罗汉果都偏凉性,适合肺热咳嗽和风热感冒咳嗽的小朋友。

换着花样吃 🍒

把罗汉果换成蜂蜜,镇咳润肺的效果也还不错。

247

哇，药膳也能做得这么好看，
小朋友肯定会喜欢的。

雪耳红枣甘草羹

材料 干银耳1朵，红枣3颗，枸杞、干百合各适量，甘草2片，冰糖适量。

开始做饭喽！

1. 取两个大碗，各盛大半碗冷水，分别放入干银耳和干百合浸泡1个小时左右。

2. 把泡发好的银耳去掉杂质和根部的黄梗，用清水冲洗干净，撕成小朵；百合用清水冲洗几遍，挑出泡完后仍旧发黄发硬的部分扔掉；枸杞和甘草洗干净就行了。

3. 红枣洗干净，去核。具体去核方法在本书p.192"百合小米南瓜蒸饭"中有详细说明。

4. 用砂锅或者不锈钢锅煮一锅清水，放入全部食材，盖好盖子，大火烧沸后改成小火慢慢熬。

5. 熬煮的过程中要注意观察，发现汤汁黏稠并且银耳也已经软烂的时候放一些冰糖进去，等到冰糖全部溶化了，雪耳红枣甘草羹就做好了！

营养细细看 ☺

甘草性平、味甘，有良好的润肺、止咳、祛痰功效，搭配滋阴润肺的银耳、补血益气的红枣和疏肝气的枸杞子，既能帮助宝宝缓解咳嗽，还能增强体质，提高免疫力。无论宝宝是风寒咳嗽还是风热咳嗽，都可以用它哦。

换着花样吃 ❀

如果宝宝不喜欢甘草的味道，可以换成川贝、罗汉果，止咳的效果也很好。但需注意，罗汉果不适合风寒咳嗽的宝宝吃，因为罗汉果偏凉，容易加重寒性咳嗽。

冰糖蜂蜜
白萝卜

材料

白萝卜1根

软软的，甜甜的，宝宝
咳嗽就吃它了。

调料

冰糖 15 克
蜂蜜 15 克

开始做饭喽！

1　白萝卜洗净，去皮后切成5~6厘米长的段。

2　把每段白萝卜中心挖一个圆洞，注意底部不要挖穿。

3　把冰糖分开放在每段萝卜的圆洞里。

4　萝卜段竖立放在盘中，放进蒸锅隔水蒸30分钟，然后取出，凉至温热后再浇上少许蜂蜜就可以给宝宝吃啦。

营养细细看

　　白萝卜清甜可口，又富含膳食纤维，能促进宝宝的肠胃蠕动，帮宝宝排除身体里的毒素，不仅这样，它含有的维生素C和微量元素锌有助于增强机体的免疫功能，帮助宝宝提高抗病能力，对促进咳嗽痊愈效果不错。蜂蜜是润燥的好帮手，宝宝咳嗽的时候用萝卜配蜂蜜，清润的效果很好。

换着花样吃

　　可以将白萝卜换成冬瓜，冬瓜清热排毒，对肺热咳嗽、发热等有一定的缓解作用。

便秘 排便不畅，水和膳食纤维来帮忙

看着宝宝排便排不下来，小脸憋得红红的，还喊着肚子胀，是不是觉得很揪心？不用紧张，下面的内容能帮你轻松防治小儿便秘：

❤ 自测一下，你家宝宝便秘吗？

- 不能每天都排便
- 排便时间超过 10 分钟
- 排便时肛门疼痛
- 大便干硬，气味重
- 排便后没多久又要排便

- 平时吃得多，拉得少
- 经常放屁但大便少
- 大便里带有血丝
- 经常说肚子胀胀的

如果宝宝有 2 项以上，很可能就是便秘的表现，家长要找原因想对策了。

❤ 宝宝便秘日益加重，你发现了吗？

- 大便时因为拉不出来而疼得哇哇大哭恐惧排便，有便意时也说不想拉
- 好不容易排出来了，大便呈羊粪球状，带血丝或血块
- 一周不大便，肚子胀痛，用手能摸到左下腹有圆滚滚的硬块

- 食欲不振，一到吃饭时间就摇头说不吃
- 口臭重，怎么刷牙都刷不掉
- 性格变得急躁，缺乏耐心，睡觉不踏实

宝宝便秘几天后，如果有以上症状中的任意一条，说明他的便秘加重了，应立即带他去医院，医生会对症治疗，家长应遵医嘱给宝宝用药及安排饮食。

🌱 便秘就是上火了

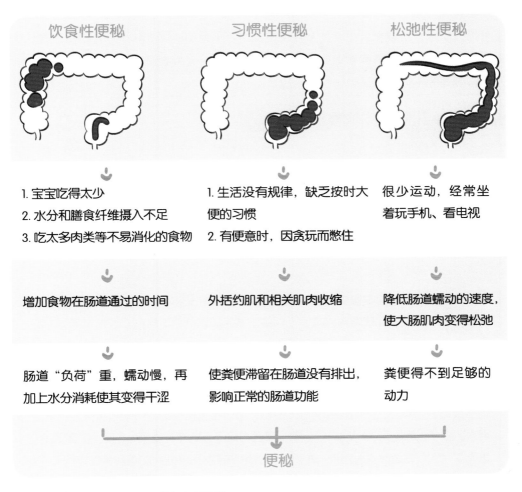

饮食性便秘

习惯性便秘

松弛性便秘

↓

1. 宝宝吃得太少
2. 水分和膳食纤维摄入不足
3. 吃太多肉类等不易消化的食物

↓

增加食物在肠道通过的时间

↓

肠道"负荷"重，蠕动慢，再加上水分消耗使其变得干涩

↓

1. 生活没有规律，缺乏按时大便的习惯
2. 有便意时，因贪玩而憋住

↓

外括约肌和相关肌肉收缩

↓

使粪便滞留在肠道没有排出，影响正常的肠道功能

↓

很少运动，经常坐着玩手机、看电视

↓

降低肠道蠕动的速度，使大肠肌肉变得松弛

↓

粪便得不到足够的动力

↓

便秘

🌱 宝宝便秘了可不是小事儿

1. 影响食欲

食物残渣积滞在宝宝的肠胃里，宝宝就不容易觉得饿。即使觉得饿了，但因为有粪便排不出来，他也会觉得肚子胀胀的不舒服，不想吃饭。宝宝不吃饭，营养摄入不够，肯定会影响到长个子。

2. 造成肛裂

大便干硬时，宝宝需要用力才能把大便排出来，干硬的大便又容易撑破、划伤宝宝的肛门，疼痛感会加重宝宝对排便的恐惧。当再次排便时宝宝会排斥，这又会加重便秘，形成恶性循环。

❤ 水是防治便秘的最好"饮料"

水有润滑肠道、使粪便变得湿润柔软的作用。如果宝宝喝水少，大便会变得干硬、不容易排出来。所以家长平时要多让宝宝喝水，每天至少喝 1500 毫升的水。我这里提供的饮水量只是作为参考，如果宝宝已经发生便秘，或者宝宝体质偏热，或者出现发热、腹泻等不适，应适当增加饮水量。

❤ 防治小儿便秘的饮食原则

1 膳食纤维不能缺

蔬菜水果是膳食纤维的良好来源，而且蔬菜水果还含有大量的水分，能帮助宝宝润滑肠道，促进排便。菠菜、芹菜、茭白、空心菜、黄瓜、西红柿等蔬菜，以及苹果、香蕉、火龙果、猕猴桃、草莓等水果，都是不错的选择。

2 粗粮不能少

宝宝便秘时，可在饮食中增加一些五谷杂粮，如玉米、全麦面包、糙米、大豆、扁豆等，这些食物往往含有大量的 B 族维生素和膳食纤维，可促进肠道肌肉张力的恢复，加快胃肠蠕动，对通便很有帮助。

3 适当摄入脂肪给肠道加点儿油

肠道缺乏脂肪的润滑也容易导致便秘，所以宝宝便秘期间不要一味限制脂肪的摄入。除了正常的烹调用油之外，家长可适当给宝宝吃点儿坚果，如核桃、腰果等，每天 3~4 个，或者熬粥时撒上一把黑芝麻，这些食物提供的脂肪有润滑肠道的作用。

4 少吃多餐给胃肠道减减负

3~6 岁的小朋友较之婴幼儿，胃容量有所增加，但是消化功能仍然不及成人，如果给他吃过多的食物，容易在体内积存，造成肠胃堵塞，引起消化不良。所以每次给宝宝准备的食物量要少，要少吃多餐。

🌱 小小食疗方，轻松防便秘

说完宝宝便秘期间的饮食原则，下面给大家介绍我收集的食疗方，它们用到的材料都很常见，不过作用可不小。

香蕉冰糖粥 ···

材料 香蕉 1 根，大米 100 克。

做法 大米淘洗干净，放入锅里，加入适量水熬成粥；香蕉剥皮，切成薄片，然后放入锅里跟粥搅匀，继续煮 10 分钟就可以了。

功效 润肠通便。

白萝卜汤 ···

材料 白萝卜 250 克，盐少许。

做法 白萝卜洗净，切成段，放锅中，加适量水煮烂，加盐调味。佐餐，喝汤吃萝卜。

功效 补充水分和膳食纤维，促进肠胃蠕动。

蜂蜜水 ···

材料 蜂蜜 1~2 勺。

做法 蜂蜜加温水化开。每天早上给宝宝喝。

功效 润滑肠道，通便。

🌱 防治便秘，一定要忌口

俗话说："病从口入。"吃得不对，毛病就会盯上你，宝宝也是一样，看住了他的嘴，防治便秘并不是难事。我们一起来看看，宝宝便秘时要忌吃哪些东西：

便秘宝宝忌吃的食物

忌吃食物	忌吃原因
糯米	糯米不容易消化，而且性温，偏燥，可使大便更加坚硬，不易排出
莲子	莲子有收敛涩肠的作用，而宝宝大便干结时需要的是润肠通便
辣椒	辣椒辛辣温热，会使宝宝胃肠燥热内积，加重便秘
羊肉	羊肉温燥，会消耗胃肠道津液，使便秘加重
柿子	柿子含有鞣酸，食用后可影响肠液的分泌而加重便秘
糖果	糖分可减弱胃肠道的蠕动，加重便秘的症状，所以宝宝便秘期间不要给他吃糖果、蛋糕、巧克力等含糖高的东西
荔枝	荔枝含糖高，而且性温热，宝宝便秘时最好不吃

❤ 每天几分钟的小按摩，让宝宝跟便秘说再见

调理便秘，中医最常用的方法就是按摩。按摩改善便秘的效果是很不错的：

1. 按揉天枢穴，帮宝宝清理大肠

方法 让宝宝仰卧在床上，家长把大拇指放在宝宝的天枢穴上（与肚脐在同一水平线上，从肚脐往外2寸的两个点就是天枢穴），然后按揉穴位，每秒揉1~2次，共揉3分钟左右。

作用 天枢穴是大肠的募穴（脏腑之气汇聚于胸腹部的一些特定穴位，称为募穴），主要用于疏调大肠，经常按摩对缓解腹胀、腹痛、便秘、积食等胃肠道不适有好处。

2. 按揉腹部5分钟，祛热通便效果好

方法 让宝宝仰卧，家长将双手搓热，右手掌根部紧贴宝宝的腹壁，左手叠在右手背上，按照顺时针方向按摩，每次5分钟左右，一天按摩2~3次。

作用 促进肠胃蠕动，缓解便秘。

注意 按摩过程中，如果宝宝哭闹或者不愿意配合，要暂停按摩。

3. 推七节骨，清热消食通便

方法 让宝宝趴在床上，家长用拇指指腹，从宝宝腰部脊骨的凹陷处向下推按至尾椎骨，一秒钟推一下，推2~3分钟。

作用 调理肠胃，改善大便干燥。

🌱 培养宝宝良好的排便习惯

不论你家宝宝是否便秘，都要有意识地培养宝宝良好的排便习惯。方法：每天吃过晚餐 1 个小时后，让宝宝上厕所排便。即使没有便意也让他上一下，这样时间久了就会形成反射，使他习惯在这个时间点上厕所排便。排便的时间一旦定下，不要轻易更改。

如果宝宝便秘了，可以先让宝宝做做下蹲的动作，增加腹压，或者顺时针按揉宝宝的腹部，促进肠胃蠕动，然后再让他上厕所，有助于排便。

🌱 开塞露，你会用吗?

宝宝便秘严重，需要用药时，医生很可能让用开塞露。家长需要知道开塞露的使用方法：将开塞露的封口剪开，管口处一定要修剪光滑，先轻轻挤出少量的药液润滑管口，然后让宝宝侧卧在床上，将开塞露管口轻轻插入宝宝的肛门，慢慢挤压塑料囊，使药液缓缓注入肛门内，拔出开塞露空壳，最后在宝宝的肛门处夹一块干净的纱布，防止药液流出就可以了。

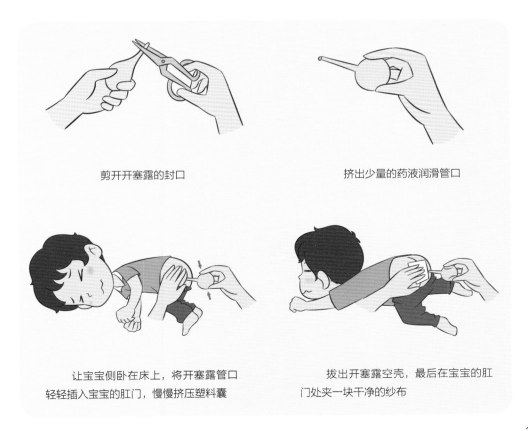

剪开开塞露的封口

挤出少量的药液润滑管口

让宝宝侧卧在床上，将开塞露管口轻轻插入宝宝的肛门，慢慢挤压塑料囊

拔出开塞露空壳，最后在宝宝的肛门处夹一块干净的纱布

蘑菇枸杞
猪骨汤

材料

猪骨适量
蘑菇适量
西洋参5片
枸杞5粒
葱适量
姜适量

猪骨用排骨、脊骨、筒骨、扁骨等都可以。

调料

料酒少许
盐少许
白胡椒粉少许

258

开始做饭喽！

1 蘑菇用淡盐水浸泡30分钟，洗净后沥干水备用。

2 枸杞用清水稍微冲洗一下，然后用温水泡软；葱洗净，切小段；姜洗净，切薄片，备用。

3 猪骨剁成小块，冷水下锅，用大火煮沸后转中火继续煮1~2分钟，一面煮一面撇去浮沫，等汤的颜色变清后捞出猪骨。

4 砂锅里放入猪骨块、姜片、葱段和西洋参片，放入适量水，加一点儿料酒，盖好盖子，大火煮沸后改成小火煲30分钟左右。

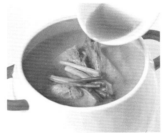

5 把泡好的枸杞捞出来，放进汤里，接着放入蘑菇，继续煲30分钟，加少许盐和白胡椒粉调味，就可以关火出锅啦！

别看它清清淡淡的，润肠效果很好哦！赶紧给宝宝盛一碗吧！

营养细细看 ☺

不论哪种类型的便秘，都需要补充水分，喝汤是补水的最佳方式之一。这道猪骨汤能帮宝宝补水，香菇里的膳食纤维还能促进宝宝肠胃蠕动，西洋参能滋阴润燥、有效缓解便秘。这道汤可以为宝宝提供蛋白质、钙、香菇多糖等多种营养成分，帮助宝宝增强体质、提高免疫力。饭前让宝宝喝汤，能帮助宝宝润滑食道和肠胃，增加食欲。

换着花样吃 🍒

如宝宝不喜欢西洋参的味道，没关系，可以不放，也不影响这道汤的食疗效果。你还可以把蘑菇换成玉米、山药，或者再加点儿胡萝卜，营养更加丰富哦。

生煎
培根西芹

材料

培根3片
西芹1棵

在超市冷藏区可以买到培根，一般和带包装的熟食摆放在一起，看上去像一小摞熟的五花肉片，就是它了。

开始做饭喽！

1　从袋子里取出培根，修切成长条状。

2　把西芹清洗干净，让宝宝帮忙择掉西芹的叶子，沥干水后码放整齐，然后把西芹梗切成段。

3　取一片培根铺平，拿几段西芹码放在培根的一端，用培根条将西芹卷起来，摆在盘子里，摆放的时候培根条的收口处要向下，这样可以避免松散。请宝宝帮忙把剩下的培根和西芹卷好。

4　平底锅加热，不用放油，直接把卷好的西芹培根卷均匀地放在锅里，放的时候仍旧要收口向下。

5　看到培根的底部有油出来时，轻轻翻面，继续煎至培根和西芹都变得微微焦黄时盛出就可以了。这道菜不要加盐哦，因为培根本身就有咸味。

如此美味只要两种食材？对，你没看错，就是这么简单！

营养细细看 ☺

这道菜里我主要说说西芹。西芹是芹菜的一种，它含有丰富的膳食纤维，促进肠胃蠕动的效果很不错，而且西芹的口感脆脆的，很受宝宝的欢迎。也许有的宝宝不喜欢西芹的味道，不妨试试搭配焦香的培根，相信宝宝对西芹的坏印象会改观的。

换着花样吃 🍒

可以把芹菜换成其他口感比较脆的蔬菜，如胡萝卜、黄瓜等。也可以不换，在这道菜的基础上加上胡萝卜、杏鲍菇等，不论是卖相还是营养都更佳。

奶香花菜

看起来平平无奇
的花菜，吃起来怎么
这么鲜？

材料

菜花 100 克
青豆 20 个
胡萝卜 30 克
牛奶 50 毫升
高汤适量

调料

色拉油适量
水淀粉适量
盐少许

开始做饭喽！

1　菜花掰成小块，放进淡盐水里泡 10~15 分钟，捞出来冲洗 2 遍，沥干水。

2　胡萝卜洗干净，用削皮器削去外皮，切成丁；青豆洗干净。

3　锅里加入半锅清水烧开，放入菜花、胡萝卜丁和青豆，水再次烧沸的时候将它们用漏勺捞出来，放进冷水盆里过凉，再沥干水。

4　另起锅，加少许色拉油烧热，放入菜花、胡萝卜、青豆翻炒 1 分钟左右，倒入牛奶和高汤，大火烧开，转小火慢慢煮。

5　当菜花的颜色晶莹通透时加少许盐调味，淋入少许水淀粉，继续烧到汤汁浓稠就大功告成了。

营养细细看 ☺

菜花是一种富含膳食纤维的蔬菜，促进肠胃蠕动、润肠通便的效果我就不多说了，它还含有大量的维生素 C，能促进肝脏解毒，增强体质，提高免疫力，对预防因便秘而导致的各种不适有很好的作用，而且还能促进宝宝生长发育，是宝宝餐桌上必不可少的食物哦。

换着花样吃 🍒

可以把青豆换成玉米，还可以把胡萝卜换成黑木耳、银耳，或者把菜花换成西蓝花，润肠通便、增强体质的效果都不错。你还可以把牛奶换成椰汁，淡淡的椰子清香很独特呢。

紫薯椰蓉球

小外甥喜欢黄色，连带着也爱吃南瓜，因为他觉得南瓜的颜色很漂亮。只是我们经常把南瓜与大米一起熬粥，小外甥吃腻了，开始抗议，作为他的"御用厨师"，我只好"创新"。做什么好呢？做点心吧，里面裹上紫薯，金黄的"外衣"下是浪漫的紫色，多有情趣啊！看着小外甥咬一口之后发出惊呼，我突然觉得动力十足。

材料

紫薯 2 个
南瓜 1/2 个
面粉适量
椰蓉适量

调料

色拉油适量
白糖适量

1 紫薯洗净，蒸熟，趁热撕去外皮，用搅拌机打成泥，加白糖搅匀。

2 南瓜去皮、瓤，洗净后切成小块，装在盘子里，放进蒸锅里蒸熟，然后取出来放进搅拌机里打成泥。

3 面粉放在面板上，放入南瓜泥，揉成柔软的面团，然后搓成长条，用刀切成若干个小面团。

4 取一个小面团，在手心摁扁，放入一勺紫薯泥，将面团收拢，捏好口，团成球。用同样的方法把所有小面团都揉成小球。

5 把蒸锅烧沸，用小刷子在笼屉的底部薄薄地刷一层色拉油，放入蒸锅中，摆上包好的小球，加盖，大火烧开，继续蒸 10 分钟。

6 把椰蓉倒入碗里，将蒸好的紫薯球逐个放入碗中滚上一层椰蓉，摆在宝宝自己选的盘子里就可以啦。

紫薯椰蓉球
紫薯香蕉团

能缓解便秘的不仅有南瓜，还有香蕉哦。做法跟上面的"紫薯椰蓉球"差不多，并不复杂，让你学会一道菜就能举一反三。

南瓜→香蕉

1 用紫薯泥来做外皮。按照紫薯椰蓉球的方法做好紫薯泥，不要放糖（因为紫薯和香蕉都是甜的，且没有了面粉外皮，再放糖就过甜了），分成若干份。把香蕉去皮，先切成段，后碾成泥。

2 取一份紫薯泥团成球，摁扁，香蕉泥团成球，放在紫薯泥正中，像包包子一样捏出褶皱，把香蕉泥完全包裹起来，加薄荷叶做装饰就可以啦。

紫薯椰蓉球
水果酸奶浇薯泥

不想那么麻烦弄成小球？也可以，用模具很方便。配上宝宝爱吃的水果，浇上酸奶或者鲜果粒，味道超赞的。而且水果里的维生素C、膳食纤维和紫薯里的营养成分还能为宝宝润肠通便呢。

南瓜→水果、酸奶

1 按照紫薯椰蓉球的方法做好紫薯泥，不放糖。

2 让宝宝选择喜欢的模具，在模具内擦一层橄榄油，放在盘子里，填入足够的紫薯泥，压紧，抹平，扣在盘子里。

3 用同样的方法把所有紫薯泥都处理好，把酸奶淋在紫薯泥上，表面撒水果丁即成。

营养细细看 ☺

对于便秘的宝宝来说，南瓜和紫薯都是润肠通便的好帮手。黄色入脾，南瓜还能健脾养胃，增强肠胃动力。紫薯里含有的硒元素、花青素等营养物质能帮助宝宝增强体质，提高免疫力。

换着花样吃 🍒

可以多加几个紫薯，少放点儿南瓜，然后把紫薯和面粉和成面团，把南瓜包裹在里面，紫色的小球更加浪漫哦。你还可以把南瓜面团、紫薯面团分别擀成片，一张紫薯面片、一张南瓜面片交叉着放，然后卷起来，中间用筷子断开，再整理整理，漂亮的玫瑰花造型就做好了，相信宝宝会很喜欢。

积食 饮食强健脾胃，消除积食并不难

小儿积食是中医里的一种病症，指的是宝宝吃得过多，或者吃了不容易消化的食物而导致的消化不良。积食看起来不是什么大事，可对于宝宝来说，积食久了容易导致营养不良，还有可能引起胃肠道疾病，影响宝宝的生长发育和健康。所以，宝宝积食，家长千万不能小觑。

宝宝有以下症状就要重视起来！

1. 最近几天宝宝的口气变得比较重，也容易口干口渴。

2. 宝宝有呕吐的情况发生，吐出来的都是酸臭的未消化的食物。

3. 宝宝的大便有腐败的臭鸡蛋味道。

4. 宝宝每天大便的次数超过 2 次，大便里带有黏液，后来逐渐发展为腹泻。宝宝的大便刚开始几天很臭，随着大便慢慢变得清稀，变成淡淡的腥臭。

5. 最近几天宝宝总说自己的肚子胀胀的，还经常放屁，也比较臭。

6. 宝宝的舌苔比平时要厚很多，看起来腻腻的一层。

7. 刚开始的几天宝宝胃口不好，吃不下东西，时间长了反而变得容易肚子饿，但吃完了又感觉腹胀，很快又因为大便次数增多或腹泻而把未完全消化的食物排出去。

8. 宝宝以前睡得好，但最近晚上睡觉不踏实，总爱翻来滚去，身体扭来扭去。

9. 宝宝容易嗓子发炎、肿痛，特别易感冒。

10. 宝宝吃完饭后出现肚子胀痛、腹泻的情况，一般腹泻后肚子胀痛的感觉得到减轻，但过一会儿又会觉得胀痛，接着又腹泻，如此反复。

11. 宝宝的小便变少，颜色发黄。

上面都是积食的表现，它们不一定会同时出现，但哪怕有一项都要引起重视，如果超过 5 项，说明宝宝积食很严重了，应及时就医。

🌱 每天按摩几分钟，赶走藏在宝宝肠胃里的危险

对付积食，中医里最常用的方法就是按摩。每天抽出几分钟的时间，给宝宝按摩，既做到了亲子互动又能帮助宝宝强健脾胃，促进消化。我给小外甥试过一段时间，效果不错，家长们可以试试：

1.摩腹法，清肠胃、补脾胃

方法 让宝宝平躺在床上；家长洗干净双手，擦干，手指并拢，对搓使之发热后，以宝宝的肚脐为中心，在肚子上画圈揉动。先顺时针揉 36 次，再逆时针揉 9 次。

注意 动作应轻柔，以宝宝觉得有些酸胀但又不觉得疼为宜。摩腹过程中，如果宝宝的肚子咕咕叫或者放屁了，这都是正常现象，家长不用紧张。

2.捏脊法，强健脾胃、提高免疫力

方法 让宝宝脱掉上身的衣服趴在床上，家长把手洗净、擦干并搓热，站在宝宝头顶上方，先给宝宝的后背涂抹少许润滑油，然后从大椎穴（正坐低头，脖子正中有一块骨头凸起的地方）开始，用双手食指和拇指将脊柱两边的皮肤捏起来，交替向前推动（两手捏住皮肤不能掉），一直推到臀沟的长强穴（尾骨的凹陷处）。先从上到下推 4 次，再从下到上推 6~8 次。每天 1 次，15 天一个疗程，一个疗程结束后暂停 15 天，接着开始下一个疗程。

注意 捏脊时要注意室温，不要让宝宝着凉，以 25℃~26℃ 最为适宜。刚开始时宝宝可能不配合，会哭闹，这时应先暂停捏脊，等他安静下来再继续。捏脊应循序渐进，一开始先从上到下、从下到上各推 1 次，之后逐渐增加到先从上到下推 4 次、再从下到上推 6~8 次的量。捏脊的过程中宝宝会微微出汗，所以按摩后一定要给宝宝喝些温开水。

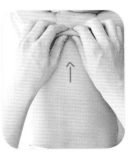

3.捏一捏四缝穴，轻轻松松帮宝宝调理脾胃

方法 让宝宝掌心朝上，从食指、中指、无名指、小指指尖朝下数，第二个关节的横纹中央，就是四缝穴。家长找到四缝穴后，用拇指、食指对捏宝宝小指的四缝穴 3~5 秒钟，接着换无名指，一直揉捏到食指，如此反复捏 10 分钟左右。用同样的方法捏另一只手的四缝穴。

注意 随时随地都能进行，比如跟宝宝一起看电视时、坐在阳台上晒太阳时均可进行。揉捏四缝穴时要有一定的力度，以宝宝感觉有些酸胀或酸痛为宜。

❦ 防治小儿积食，科学饮食是关键

积食是饮食不当或吃得太多引起的，所以防治积食还得从吃上入手。我们先来看看下面的图片，这些情形你家有吗？

宝宝吃饭要列个时间表

看了上面的图示才发现，司空见惯的行为，却为宝宝积食埋下隐患。对于这些情况，我的建议是：让宝宝少吃多餐，当他觉得不饿时就不要强迫他吃东西，同时让宝宝多到户外活动，跑一跑跳一跳，把吃进去的食物消耗掉，自然就不会积食了。

当然，这里的少吃多餐并不是指时不时给他吃零食，而是指在三餐定时的基础上，适当加餐。就拿我给小外甥制定的吃饭时间表举个例子：

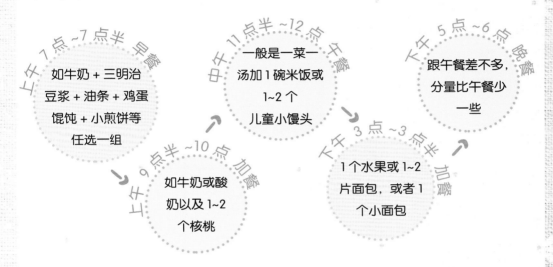

上午 7 点~7 点半 早餐
如牛奶 + 三明治
豆浆 + 油条 + 鸡蛋
馄饨 + 小煎饼等
任选一组

上午 9 点半~10 点 加餐
如牛奶或酸
奶以及 1~2
个核桃

中午 11 点半~12 点 午餐
一般是一菜一
汤加 1 碗米饭或
1~2 个
儿童小馒头

下午 3 点~3 点半 加餐
1 个水果或 1~2
片面包，或者 1
个小面包

下午 5 点~6 点 晚餐
跟午餐差不多，
分量比午餐少
一些

有的宝宝消化功能比较弱，我建议在加餐时给他准备酸奶或者水果，这些食物都含有调节肠道菌群、促进肠胃蠕动的成分，宝宝吃了有助于消化（你有没有发现，我的这个时间表跟幼儿园的基本同步，我们周末都是给小外甥贯彻这个时间表的，这样就不用怕他在幼儿园不适应啦）。

多吃蔬果防食积

食积就是食物停滞在肠胃出不去。我们要想办法让宝宝的肠胃动起来，把这些积滞的食物运出来。我有一个好方法，就是让宝宝吃富含膳食纤维的水果和蔬菜，例如苹果、火龙果、猕猴桃、香蕉、菠菜、芹菜、山药、土豆、南瓜等，它们能润滑肠道，促进肠胃蠕动，帮助宝宝消除食积。

造型美观，颜色鲜艳，小外甥特
别爱吃，令我非常有成就感。

山楂山药双层糕

材料 铁棍山药 300 克，山楂 150 克，牛奶 10 毫升。

调料 白糖 10 克，冰糖适量，吉士粉 5 克，小苏打 3~5 勺，橄榄油少许。

吉士粉有浓郁的奶香味和果香味，它能让糕点变得更加软、香、滑。

开始做饭喽！

1. 山药洗净，去皮，蒸熟后加白糖和吉士粉打成泥。

2. 山楂放进加了 3~5 勺小苏打的水中，浸泡 15 分钟，然后捞出来冲净，择掉把儿，用尖头的水果刀挖掉山楂两头，把山楂横放，从中间切一圈，用手掰成两半，最后用水果刀的尖儿挖掉果核。

3. 把处理好的山楂放进砂锅里，加入没过山楂的清水和冰糖，大火煮沸后改成小火，慢煮 10 分钟，然后将山楂捞起，放进搅拌机里搅成山楂泥。

4. 取一个深盘子，盘底刷一层橄榄油，放进山药泥，用勺背把山药泥轻轻铺平，然后将山楂泥倒在山药泥上，铺平后用抹刀把表面抹光滑。

5. 蒸锅里再次放水烧沸，把装有山楂山药泥的深盘子放进笼屉，盖好锅盖，水再次烧沸后继续蒸 5 分钟，关火，将山楂山药糕取出来放凉，用模具做造型就可以啦。

营养细细看 ☺

山楂能促进胃酸分泌和增加胃蛋白酶活性，提升宝宝的消化能力，尤其是促进蛋白质和脂肪类食物的消化。山药具有健脾补肺、益胃补肾等功效，二者搭配，既消积又健脾益胃，很适合脾胃功能还不够完善的宝宝。

换着花样吃 🍒

可以将山药换成苹果，苹果里含有的膳食纤维、苹果酸等也有促进消化、改善积食的作用。也可以把山楂换成紫薯，做成紫薯山药泥，浇上一层蓝莓酱或糖桂花，消食的效果不错，而且味道很赞。

果酱马蹄球

材料

马蹄 15 个
鸡蛋 2 个
面粉 40 克
生粉 2 勺
面包糠 20 克

马蹄（学名荸荠）可以用来做点心，也可以用来煮粥。

调料

白糖 1 勺
果酱适量

开始做饭喽！

1　请宝宝帮忙把马蹄洗干净，然后你再用削皮刀削掉马蹄的外皮，先切成片，再把片码放好，切成丝，最后切成细粒，放在一只大碗里。

2　把1个鸡蛋打入盛马蹄粒的碗中，然后放入10克面粉、2勺生粉和1勺白糖，用筷子顺着一个方向快速地搅打，直到将碗中的材料搅匀成为稠面糊并上劲为止。上劲后的面糊非常黏稠，用筷子向上挑，可以挑起一大块。如果你感觉面糊稀薄，就证明还没到上劲的程度，要继续搅。

3　把剩下的面粉倒在盘子里，1个鸡蛋打入小碗里搅散，再准备一个碗装面包糠。

4　戴上一次性塑料手套，抓一块稠面糊放在手心，团成紧实的马蹄球，摆在盘子里。用同样的方法，把全部面糊都团成球状。把马蹄球先放进面粉里滚一圈，接着放入鸡蛋液里滚一滚使之均匀地裹上蛋液，再放入面包糠里滚一滚，让球表面都裹满面包糠。

5　锅中加小半锅油，中火加热到微微冒烟，接着转小火，下入马蹄球炸到表面呈金黄色就可以捞出来，让宝宝在它顶端点上果酱就可以啦。

蚝汁木瓜
西蓝花

　　小外甥不喜欢吃木瓜，他觉得木瓜有一股怪味儿。没事，我见招拆招，既然不喜欢木瓜的怪味儿，那我就把这怪味儿给遮掉。用什么遮比较好呢？蚝油吧，我最近迷恋上了这种调味品，觉得它鲜香里带点儿甜味，很不错的味道。试了一下，效果很好，小外甥也大口地吃起了木瓜，而且没有表露出嫌弃的神情哟。如果你家里的宝宝不喜欢吃木瓜，也可以试试这个方法。

西蓝花半朵
木瓜 1/2 个
蒜 1 瓣

调料

色拉油少许
盐少许
蚝油 1/2 勺

蚝油是广东地区常用的一种传统鲜味调料，是用蚝（牡蛎）肉熬制成的，味道鲜美中带点儿甜味，用来做菜味道很特别。

开始做饭喽！

1　西蓝花选个头小一点的，用手整齐地掰成小朵，放在淡盐水里泡 15 分钟左右，然后用清水冲洗 2 遍，放进沸水锅里煮 2 分钟左右，捞出过凉。

2　把木瓜洗干净，用刨皮器刨去表皮，横切一刀，切成上下两半。用勺子挖去木瓜籽，然后用刀将一半木瓜纵向切成两半，再切成长方形小片；大蒜去皮，切薄片。

3　炒锅里放少许色拉油烧热，放蒜片炒香，倒入切好的木瓜片翻炒 2~3 分钟，然后放入西蓝花，炒匀后加少许盐。

4　最后放入蚝油，继续翻炒，直到汤汁越来越浓稠，就可以关火了。

5　用筷子把西蓝花挑出来，整齐地围摆在盘子的边缘，把烧好的木瓜带汤汁盛在正中间即可。

蚝汁木瓜西蓝花
蚝油杏菇扒青花

如果你遮掉了木瓜的怪味，宝宝仍然不喜欢吃，可以把木瓜换成杏鲍菇。杏鲍菇口感脆脆的，而且很鲜美，跟蚝油搭配相得益彰。再看看这道菜的卖相，绿中有点儿白，让人眼前一亮。对于积食的宝宝来说，杏鲍菇也是不错的开胃品，它里面所含的鲜味成分能让宝宝多吃半碗饭。当然，也不能忽视杏鲍菇里的膳食纤维，它能增强宝宝的肠胃功能，帮助宝宝消食。

木瓜→杏鲍菇

1 按照"蚝汁木瓜西蓝花"的步骤1将西蓝花洗净、焯熟；大蒜去皮切片；再准备1块杏鲍菇，洗干净备用。

2 烧半锅开水，在烧水的同时把杏鲍菇切成3毫米厚的圆片，等水开后放进锅里焯烫2分钟，然后用漏勺捞起来沥干水。

3 炒锅里放少许橄榄油烧热，放入蒜片炒香，投入杏鲍菇翻炒片刻，倒入1/2勺蚝油和小半碗清水翻炒均匀，然后改成小火煮6分钟左右。

4 用筷子将焯熟的西蓝花仔细地围在盘边，不要关火，把锅中的杏鲍菇一片一片捞出来，码到盘子中间，码的时候注意不要在中间过度集中，要铺满盘底，使杏鲍菇被西蓝花紧紧包围。

5 锅中煮杏鲍菇的汤水仍在继续加热中，淋入少许水淀粉，用铲子搅动几下，改成大火，使汤水迅速收浓，一只手将锅端起来，凑近菜盘，另一只手拿勺子将汁水浇在杏鲍菇上，这道菜就做好了。

营养细细看 ☺

说起这道菜的营养，总少不了一个营养素，那就是膳食纤维。宝宝积食，跟肠胃蠕动的力量不够有关，而膳食纤维恰好就是增强胃肠蠕动的小助手。西蓝花和木瓜都含有丰富的膳食纤维，所以放心地做给宝宝吃吧。

换着花样吃 🍒

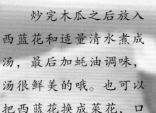

炒完木瓜之后放入西蓝花和适量清水煮成汤，最后加蚝油调味，汤很鲜美的哦。也可以把西蓝花换成菜花，口感也很好。

腹泻 少量饮食，不给肠道添负担

对于正在长身体的宝宝来说，腹泻可是大事，如果不及时采取措施，很有可能造成脱水，引起更严重的后果。现在我们就一起来了解儿童腹泻的各种症状和病因，以及相应的对策。

♥ 腹泻一定是坏事？找到原因是关键

关于腹泻，著名儿科大夫崔玉涛曾在其著作中指出："腹泻是感染性因素或非感染性因素对肠黏膜刺激引起的吸收减少和（或）分泌增多的现象。它是肠道排泄废物的一种自我保护性反应，通过腹泻可以排出病菌等有害物。所以，腹泻并不一定就是坏事。"当宝宝出现腹泻时，重点是找出腹泻的原因，而不是单纯地止泻。

儿童腹泻原因及症状

- 病毒感染——大便呈黄稀水样或蛋花汤样，量多，每天腹泻5次以上，还常伴有呕吐、发热、腹痛等症状
- 细菌感染——每天腹泻5次以上，腹泻前常有阵发性腹痛，肚子里"咕噜"声增多，常伴有发热、精神差、全身无力等
- 食物过敏——稀黏黄色或黄绿色大便，严重的带有血丝样红色便，有可能发展为痢疾、肠炎，常伴有呕吐、发热等症状

通常急性发作，容易导致脱水或低血钾等水电解质素乱

- 消化不良——大便粪质稀薄，每天大便次数超过3次，粪便中常有未消化完的食物或泡沫、气味很臭，常伴有腹胀、肠鸣等症状
- 腹部受凉——1天大便次数超过4次，呈稀烂状，大部分没有其他并发症
- 感冒——有的宝宝感冒时有可能出现腹泻，症状比较轻，稀便、呕吐、腹胀、肠鸣等胃肠道反应也相对较轻

有的呈急性发作，也有的慢性迁延，应寻根究底，对症治疗

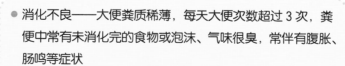

🌱 家长切莫给宝宝乱用药，而应立即就医

不少家长交流经验时都说，宝宝腹泻时可以给他吃妈咪爱、思密达等。我的建议是如果你家宝宝腹泻，不要凭经验给他用药，应立即就医。因为 3~6 岁的宝宝能吃的东西比以前多，接触的东西也比以前多，腹泻的原因也比 0~3 岁时要复杂，如同前面归纳的结构图所说，导致腹泻的原因有很多，往往需要经过粪便检验、症状分析才能确诊，所以宝宝腹泻了一定要立即就医，切忌自行用药。至于吃什么药，是否需要输液等，要看医生的诊断。

🌱 宝宝腹泻时，一定要多喝水

不论是什么原因引起的腹泻，宝宝都会有水样便，而且大便的次数增多，呕吐时也带着水分，这都意味着他体内丢失的水分要比平时多很多。这时，家长一定要多给宝宝喝温开水，以预防脱水。注意，是温开水！千万不要给宝宝喝凉水和冰的饮料，它们可使宝宝的胃肠受凉，加重腹泻的症状。

家长还可以在医生的指导下给宝宝饮用口服补液盐。口服补液盐简写为 ORS，医院和大药房都有卖。一般宝宝每腹泻一次就给他服 50~100 毫升的补液盐，能起到预防和缓解脱水的作用。

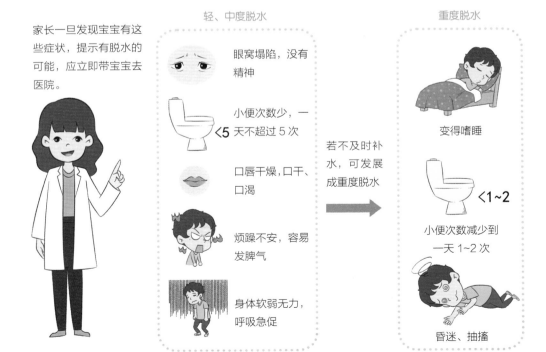

家长一旦发现宝宝有这些症状，提示有脱水的可能，应立即带宝宝去医院。

轻、中度脱水

眼窝塌陷，没有精神

小便次数少，一天不超过 5 次 <5

口唇干燥，口干、口渴

烦躁不安，容易发脾气

身体软弱无力，呼吸急促

若不及时补水，可发展成重度脱水

重度脱水

变得嗜睡

小便次数减少到一天 1~2 次 <1~2

昏迷、抽搐

🌱 宝宝腹泻时的饮食指导

都说嘴巴和肠胃是一对"冤家"，嘴巴这家伙爱吃，而肠胃却总要求它悠着点，特别是宝宝，可不是什么东西都能吃。那么，宝宝腹泻了，家长应如何安排他的饮食呢？以下内容可供大家参考：

1. 宝宝腹泻期间饮食宜忌

宜

○宜少吃多餐。宝宝腹泻时胃肠道功能下降，少吃多餐能帮助他减轻肠胃的负担。

○宜在宝宝腹泻初期给他准备清淡的流质食物，如温的鲜榨果汁、米汤、菜汤、面片汤等，帮助他补充水分和维生素，预防脱水，维持体内电解质平衡。

○宜在宝宝腹泻症状缓解后给他准备低脂、细软、容易消化的半流质食物，如小米粥、藕粉羹、烂面条等，帮助他补充营养，恢复体力。

○宜在腹泻基本停止后给宝宝准备低脂少渣的半流质食物或软食，如面条、粥、馒头、软米饭等，逐渐过渡到正常饮食。

忌

○忌在腹泻初期和症状严重时给宝宝喝牛奶、酸奶等容易胀气的食物，它们可使胃肠蠕动增强而加重腹泻。

○忌在腹泻期间给宝宝吃鸡蛋、鱼、肉、虾等高蛋白食物，因为宝宝腹泻期间肠道的功能很弱，高蛋白的摄入可加重腹泻。

○忌给宝宝吃蛋糕、糖果以及喝碳酸饮料，这些食物含糖高，而糖进入胃肠道常会引起发酵而加重胀气，使腹泻加重。

○忌给宝宝吃粗纤维含量高的水果和蔬菜，如香蕉、芹菜、西瓜、红薯、山药、土豆、南瓜等，这些食物可促进肠胃蠕动，加重腹泻。

○忌给宝宝吃豆类食物及豆制品，如黄豆、豆芽、豆腐等，这些食物富含膳食纤维和蛋白质，容易使宝宝胃肠蠕动增强而加重腹泻。

○忌给宝宝吃生冷瓜果、坚硬和辛辣的食物，这些食物都可加重宝宝肠胃的负担，使腹泻加剧。

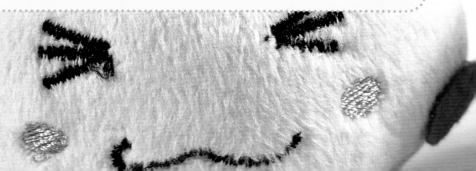

2. 禁食？别饿坏了宝宝

有的家长认为宝宝腹泻了就应该让胃肠道休息，不吃就不拉了。这种做法是错误的！即使不吃不喝，胃依旧分泌胃酸，肠道依旧分泌肠液，在饥饿状态下它们反而会让胃肠蠕动更快，腹泻有可能因此而加重。另一方面，不让宝宝吃东西，他就得不到足够的营养来为身体自我修复提供支持，对腹泻的痊愈以及生长发育都会有影响。所以，在宝宝腹泻期间，家长仍要给宝宝安排好饮食。

当然，也有特殊情况，比如在急性水泻期间，应遵医嘱暂时禁食，让宝宝的肠道完全休息，必要时给宝宝输液。等宝宝过了急性期，或者是医生说可以给宝宝吃东西时再准备食物。

❤ 生活上的照护，家长也不能忽略

注意卫生，宝宝的用具要消毒

不管宝宝得不得腹泻，卫生问题都不容忽视。宝宝的玩具要清洗消毒，来不及上厕所而拉在裤子里时，衣服要清洗后在阳光下暴晒。宝宝的餐具要跟大人的分开，每次清洗之后要放在开水里煮 20~30 分钟进行消毒。

细致观察，必要时调整用药

在宝宝腹泻期间，家长要打起十二分精神，时不时观察宝宝的脸色、精神状态，每隔 2 个小时左右给宝宝量一次体温，查看脱水是否得到改善，还要重点观察宝宝大便的次数、量及性状。如果宝宝的病情有变化，应及时就医，遵医嘱调整用药。如果宝宝腹泻超过 2 天还没有好转，也要立即去医院复诊，再次进行检查，医生会根据具体情况调整治疗方案。

蒸苹果

材料

苹果 1 个

调料

盐适量

营养细细看

苹果中的鞣酸是肠道收敛剂，它能减少肠道黏液分泌而使大便内水分减少，从而止泻。果胶是个"两面派"，生果胶有软化大便、缓解便秘的作用，熟的果胶则有收敛、止泻的功效。

换着花样吃

不仅仅可以蒸苹果，也可以直接蒸胡萝卜给宝宝吃，对简单的腹泻有一定疗效。

开始做饭喽！

1 用一小把细盐把苹果表面仔细地揉搓一遍，这样可以杀菌，并去除皮上的果蜡。也可以直接去掉果皮，然后将苹果切成两半。

2 用刀削去苹果把儿，挖出苹果核，再纵向把苹果切成橘子瓣儿一样的块。

3 选一只和苹果大小相仿的小碗，把切好的苹果块依原样拼合成好看的形状，放入小碗内，把装有苹果的小碗放在笼屉内，盖好锅盖，大火烧沸后再蒸 5 分钟左右。

4 取出小碗，将苹果扣进盘子里，向上提起小碗，苹果块会在盘子里自动散开，形成花瓣的形状，凉至温热后就可以拿给宝宝吃啦。为了调动宝宝的食欲，也可装饰一下，加个小圣女果，不过这种生的食材此时不能给宝宝吃，只起装饰作用。

开始做饭喽！

1 把胡萝卜和苹果分别清洗干净，削去外皮，切成小块，放搅拌机里打碎（打得细一些）。

2 把平底锅用微火烧干，放入大米，用铲子不断地翻炒，一直炒到大米的颜色微微变黄，能闻到米的香味时关火，将炒好的焦米盛出来。

3 砂锅中加 500 毫升水，将焦米倒入锅中，用大火烧沸，改成小火慢熬 30 分钟。熬好后放入胡萝卜和苹果拌匀，继续煮 10 分钟就完成了。

胡萝卜
苹果炒米羹

材料

大米 50 克
胡萝卜 1/2 根
苹果 1/2 个

营养细细看 ☺

炒米汤自古就是辅助止泻的良品。季节交替的时候，宝宝容易胃口差、腹泻，可以适当给他吃点儿炒米汤。

换着花样吃 🍒

其实不仅仅是大米，用小米炒制效果也不错，还有健脾胃的作用。

嗯，不错，吃起来香香的感觉！

咸味土豆华夫饼

材料 土豆1个，芝士少许。

> 芝士的量不用太多。如果超市有卖，最好是选择儿童奶酪或者成长奶酪。

调料 黑胡椒粒、植物油各少许。

开始做饭喽！

1 将土豆洗干净，用刨皮器去皮，清洗干净，切成小块。

2 把土豆块放进榨汁机里（汁和渣分离的那种），榨成土豆汁和土豆渣，土豆汁可以用来做浓汤，我们这道菜里需要用的是土豆渣。

3 芝士切成丝，黑胡椒擀碎。

4 把土豆渣盛到碗里，放入芝士丝和一点点黑胡椒碎，拌匀。

5 戴一次性手套或者用保鲜膜，将拌匀的土豆渣团成圆球形。

6 接通华夫饼机的电源，用小刷子薄薄地将两面各刷一层橄榄油，先预热，预热结束后放入土豆团，把盖子盖严，就压成饼形了。先烤3分钟，再翻面烤3分钟，土豆饼就做好了。

营养细细看 ☺

宝宝腹泻痊愈后，脾胃的功能还比较弱，处于恢复当中，这时需要我们再推一把，增强脾胃功能。土豆就是不错的帮手，它性平，味甘，有和胃调中、健脾的作用。切记这道菜要等宝宝腹泻痊愈后才能吃，腹泻期间不要吃土豆和奶制品为宜。

换着花样吃 🍒

可以将土豆换成山药，健脾养胃的效果也不错，且同样不适合腹泻期间吃，等腹泻痊愈后调养脾胃时方可食用。

287

麻疹 不同阶段，对应不同饮食方案

以前朋友圈里有人说"小孩子出一次麻疹，大人就脱一层皮"，我一直以为那是夸张的说法。写这本书时经儿科专家的讲解才明白，原来这种情形真实存在。现在我们就一起来了解什么是麻疹，宝宝出疹子了应该怎么护理，以及如何给宝宝安排饮食。

麻疹就是出疹子

麻疹是由麻疹病毒引起的急性呼吸道传染病，6 个月~5 岁的宝宝是高发人群。麻疹病毒的传染性很强，如果宝宝没有接种过麻疹疫苗，一旦接触了麻疹病毒，就会立刻被传染上（当然，也有的宝宝接种了之后仍然被传染。接种只是预防，并不能绝对避免被传染）。宝宝得了麻疹，痊愈之后，身体会自动产生抗体，之后就不容易再被传染。

麻疹各个时期的特点和饮食原则

发展时期	发展时间	症状表现	特别提醒	饮食原则
潜伏期	10~14 天	没有明显症状，但也有部分宝宝口腔内开始排出麻疹病毒，或短时间出现轻度发热	注意观察宝宝的精神状态、食欲情况，如果发现宝宝比较安静、精神萎靡、胃口差，说明他不舒服了，需要带他去医院检查	此阶段症状不明显，大部分宝宝胃口跟以前一样，按照之前的饮食来安排就可以。也有的宝宝胃口不好，这时不要勉强他吃东西，在他想吃时安排清淡、富含蛋白质和维生素的食物

（接上表）

出疹 前期	3~5 天	刚开始时的表现类似于感冒，出现咳嗽、流鼻涕、打喷嚏、声音嘶哑等症状，体温徘徊在 38℃~39℃。一般在发热 2~3 天后，宝宝口腔内开始出现针尖大小、周围有红晕、发白的斑点	出疹前期的症状跟感冒很相似，但也能发现不同——患有麻疹的宝宝流鼻涕的症状比感冒时要严重，会怕光、流眼泪、眼白充血，口腔内有圆圆的小点	● 给宝宝安排的饮食最好是以牛奶、豆浆、稀粥、藕粉等流质或半流质食物为主，每天 6~7 餐 ● 疹发不畅时可以让宝宝吃香菜汤、鱼汤、虾汤等，这些食物能帮助宝宝把麻疹发出来
出疹期	3~5 天	● 持续发热后的第 3~4 天：宝宝的体温可升高到 40.5 ℃，随后耳后、颈部、发际边缘等开始出现稀疏、不规则的红色皮疹 ● 第 5 天：皮疹向下发展，遍及面部、胸前、后背、上肢 ● 第 6 天：皮疹累及下肢及足部，同时皮疹逐渐由小块连成片，呈斑状 ● 出疹期间，宝宝高热持续不退，脸部微肿，口腔内溃烂，眼部充血并有大量分泌物，有的还会出现呕吐、腹泻的症状	如果疹子没有顺利出来，而是颜色黯淡且稀疏，没有红色透出来，或者有红色马上又消失，这属于出疹的严重情况，应立即带宝宝去医院治疗	让宝宝多喝温开水，每隔几分钟就让宝宝喝几口，让他多上厕所，有利于病毒的排出

（接上表）

| 恢复期 | 3~10 天 | 从第7~10天开始，体温逐渐下降至正常范围，身体各方面功能开始恢复，红色皮疹按出疹顺序慢慢变成褐色。约1个月后，红色皮疹完全消退，宝宝皮肤上留有糠麸状脱屑及棕色色斑 | 如果宝宝没有如期恢复，而是出现呼吸急促、高烧不退、面色苍白或青紫，应立即就医 | ● 开始食用少量软食，每天3餐，再加1~2次点心，逐渐恢复到正常饮食。不要给宝宝食用油腻、生冷、酸辣的食物。
● 让宝宝多喝水 |

麻疹发病过程图

宝宝接触麻疹病毒

感染病毒

潜伏期

宝宝精神变差

宝宝吃饭挑挑拣拣

出疹前期

咳嗽

打喷嚏

流鼻涕

发烧

宝宝口腔长白色斑点

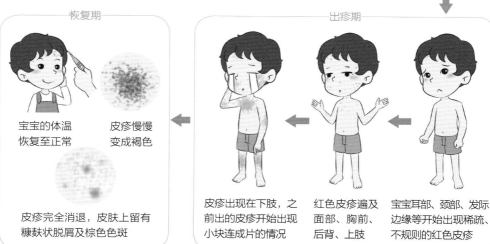

恢复期

宝宝的体温恢复至正常

皮疹慢慢变成褐色

皮疹完全消退，皮肤上留有糠麸状脱屑及棕色色斑

出疹期

皮疹出现在下肢，之前出的皮疹开始出现小块连成片的情况

红色皮疹遍及面部、胸前、后背、上肢

宝宝耳部、颈部、发际边缘等开始出现稀疏、不规则的红色皮疹

🌱 宝宝长麻疹期间的饮食宜忌

宝宝长麻疹期间一定要忌口，现在我们来看看宝宝哪些能吃哪些不能吃：

麻疹期间宜吃食物表

食物类型	食物举例	适合阶段	推荐原因
辛凉透表食物	薄荷、菊花、桑叶、豆豉、葛根、板蓝根、紫苏等	出疹前期	辛凉透表，让宝宝微微出汗，把麻疹病毒通过出汗的形式排出去，从而达到减轻症状的目的
清热解毒食物	苦瓜、黄瓜、芹菜、白菜、苋菜、西瓜、马蹄、甘蔗、绿豆等	出疹期	出疹期是麻疹的高峰阶段，这时麻疹病毒由内而外，热毒炽盛，所以需要清热解毒，从根上清除麻疹病毒
清热养阴食物	西洋参、百合、雪梨、香瓜、火龙果、黑木耳、银耳等	恢复期	出疹耗费了宝宝身体里的很多阴津，这也是造成宝宝出疹时发烧的原因，因而恢复期需要帮助宝宝清热养阴，既减轻发热症状，又生津润燥、滋养身体

麻疹期间忌吃食物表

食物类型	食物举例	忌吃原因
油炸食物	炸鸡、炸薯条、炸带鱼、油条等	这些食物油腻不好消化，容易损伤宝宝的肠胃，以至于生湿化热而加重不适
荤腥食物	鱼、肉、虾、螃蟹等	这些食物不好消化，会加重肠胃负担，还有可能造成便秘，使宝宝上火，麻疹加重
辛辣香燥食物	生姜、大蒜、胡椒、韭菜、大葱、辣椒、芥末等	这些食物动火伤阴，消耗大量水分，容易让宝宝生热而加重病情
收敛食物	醋、山楂等	酸性食物有收敛的作用，可影响发疹

❦ 麻疹不同阶段，食疗方法各不同

都说食物是最好的医药，一些常见的食疗方能帮助我们减轻生病时的症状。下面是我向儿科专家收集的一些小方子，清楚写明了适合哪个时期吃，家长如果使用一定要注意：

薄荷汤面 ·········

材料　薄荷 9 克，紫苏叶 3 克，挂面 50 克，盐、香油各少许。

做法　薄荷、紫苏叶用清水稍微冲一下，然后放入砂锅里，加 250 毫升的清水，小火煎 20 分钟左右，去渣取汁。用药汁煮面条，等面条熟后加少许盐和香油调味就可以了（用筷子夹一根面条，如果很容易夹断，说明面条熟了）。佐餐食用。

功效　紫苏和薄荷都是辛凉透表之物，适合宝宝在出疹前期食用，有助于发汗透疹。

香菜汤 ·········

材料　香菜适量，盐少许。

做法　锅里加入适量水烧开，然后把香菜洗净，切成段，放进锅里煮 1~2 分钟，加少许盐调味，凉到微热时给宝宝吃，让宝宝发汗。也可以用香菜煮粥，即在粥将熟时放入香菜略煮，趁热给宝宝吃，发汗透疹的功效也不错。

功效　香菜有发汗、清热透疹的功能，用它来煮汤趁热喝，有助于发汗透疹。适宜出疹前期、出疹不透时食用。

注意　趁热是指温热一点儿，要在宝宝的接受范围内，不要太烫了。

❦ 家长护理得当，宝宝好得快

宝宝出麻疹，家长不仅要安排好宝宝的饮食，还要做好护理工作：

1. 做好隔离工作

宝宝出麻疹之后家长需要先带宝宝去医院检查，如果需要住院，应听从医生的安排。如果不需要住院，回家后，家长需要对宝宝进行隔离，尽量不让他外出，因为吹风、受凉或出汗等都可影响到出疹。"解禁"的时间为疹发透后 5 天。

家里有两个宝宝的，先暂时把健康的宝宝送到亲戚家，没有条件送的，要避免两个宝宝相互接触，他们使用、触摸过的东西要分别清洗、在阳光下晾晒消毒。

2. 注意观察病情

家长要细心观察宝宝的这些情况：

在出疹期宝宝发热不超过 39℃时不需要采取退热措施，因为体温太低也会影响出疹；如果体温超过 39℃，可用微温的湿毛巾给宝宝敷额头或用温水给宝宝擦身体进行物理降温，或者遵医嘱给宝宝吃药，让宝宝的体温略微下降到 39℃以下即可。

脉搏、呼吸及脸色 ••

如果宝宝出现呼吸困难、发绀、躁动不安并伴有体温反复剧烈波动时，可能出现了并发症，应立即就医。

出疹顺序、皮疹颜色及分布情况，出疹过程是否顺利等 ••••••••••••••••••••••••••

如果发现皮疹有发炎的征兆或出疹不顺利，都要及时就医。

随时观察是否有脱水以及支气管肺炎、咽喉炎等并发症的表现。

3. 注意宝宝的个人卫生

宝宝患麻疹时，眼结膜、鼻腔黏膜的分泌物都比较多，这些分泌物都含有大量的病毒，若不及时清洗，就会给病毒继续入侵和生长繁殖创造条件。所以家长每天都要用柔软的湿毛巾，帮宝宝轻轻擦掉眼部的分泌物。对于鼻腔内的分泌物，家长可以先往宝宝的鼻腔里滴几滴生理盐水，使分泌物软化，然后让宝宝擤出来再擦掉。

宝宝出疹时常会伴有口腔溃疡，家长可在宝宝吃饭之后，让他用温水或淡盐水漱口。

● 宝宝出疹期间，要勤给宝宝剪指甲，防止他把疹子抓破而引起感染。

宝宝出疹期间可以用温水擦身体，但禁用沐浴露、香皂，也不能用酒精擦拭皮肤。勤给宝宝修剪指甲，告诉他不要抓挠皮疹，避免造成感染。如果宝宝自制力不好，家长就多辛苦一些，一发现他抓挠的苗头就立即制止。给宝宝穿着宽松、柔软的棉质衣服，勤给宝宝换洗内衣裤，避免给宝宝穿紧身的衣裤，也不要给他穿化纤类的衣服，以免刺激皮疹。

4. 让宝宝多休息

宝宝出疹后要给居室多通风，并让他多卧床休息，直至疹子消退、发热等不适症状消失。家长需要给宝宝创造一个良好、安静的休养环境，窗户拉上窗帘，灯泡用灯罩罩住，避免强烈的光刺激到宝宝的眼睛。另外，给宝宝盖的被子厚度要适中，盖太厚的被子会让宝宝捂出一身汗，见风反而容易着凉感冒。

香甜马蹄甘蔗汤

材料

甘蔗 300 克
马蹄 10 克

营养细细看 ☺

在中医看来，马蹄和甘蔗都有清热解毒、生津止渴的作用，常用来作为咽喉肿痛、麻疹、肺热咳嗽的食疗。

换着花样吃 🍒

可以将甘蔗换成绿豆，只是绿豆不容易煮熟，需要提前泡一个小时，上锅煮约20分钟后再放入马蹄同煮，均有清热解毒的功效。

开始做饭喽！

1 将甘蔗洗净，削去外皮，切成块。

2 用刷子将马蹄表皮上的杂质刷洗干净，挖掉头尾的皮。

3 将甘蔗和马蹄一同放入锅中。

加入适量的清水，大火烧开。

4 转小火煲 1 个小时即可。

开始做饭喽！

1 将生燕麦片在清水中泡 30 分钟。

2 将泡好的燕麦片带水一起倒入锅中，大火烧开，转
   小火煮 20 分钟。

3 倒入鲜牛奶，继续煮 15 分钟，加少许冰糖调味即可。

生燕麦
冰糖牛奶粥

材料

鲜牛奶 150 毫升
生燕麦片 80 克

调料

冰糖适量

营养细细看 ☺

　　患麻疹期间，除
了清热解毒的食物之
外，也要适当增加营
养，燕麦富含烟酸、
叶酸、泛酸等 B 族维
生素，是不错的补品。

换着花样吃 🍒

　　可以将燕麦
换成黑豆，黑豆中
蛋白质的含量高达
36%~40%，具有润肺、
解毒的作用，对麻疹的
痊愈有一定的助益。

荠菜末鲜笋汤

材料

鲜竹笋 1 个
荠菜 1 棵

调料

盐少许
水淀粉少许
芝麻油少许

清热解毒还脆甜的白玉笋，让生病的小朋友也忍不住胃口大开！

开始做饭喽！

1 荠菜洗净，放入开水锅中略焯，捞入凉水中降温，挤去水，切成丁。

2 鲜竹笋剥壳，洗净后煮熟，切尽可能薄的片。

3 锅里放适量水烧开，放入竹笋片再煮沸，放少许盐调味，淋少量水淀粉。

4 将荠菜丁放入锅中，迅速搅拌，淋少许芝麻油，出锅即可。

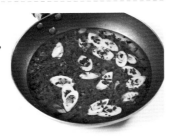

营养细细看 ☺

竹笋味甘，性寒，可利膈下气、清热消痰、爽口开胃，还可解毒、治小儿痘疹不出。荠菜不仅味美可口，而且营养丰富，所含的蛋白质、钙、维生素C尤多，钙含量超过豆腐，胡萝卜素含量与胡萝卜相仿。荠菜为野菜中味最鲜美者，是因为它所含的氨基酸达11种之多。对于小朋友增强免疫力有极佳助力效果，和竹笋搭配，对于宝宝麻疹恢复有帮助。

换着花样吃 🍒

荠菜也可以换成富含维生素A、维生素C及钾的蒲公英叶子，虽然它的味道不及荠菜鲜美，略有苦涩味，但它的优势在于容易采摘，如今超市也常见，宝宝出疹子的时候适当食用可清热解毒。

湿疹 对抗湿疹，清热利湿是关键

湿疹虽然不是多严重的事儿，但也让不少家长害怕，因为宝宝长湿疹时控制不住，总是用手抓，特别容易感染。现在我们就来讨论一下如何应对湿疹。

❤ 湿疹多发于 3 岁以内的宝宝吗？

湿疹一般发生在 1 岁以内的宝宝身上，不过它并不是小宝宝的"专利"，3~6 岁的宝宝也有可能成为湿疹"青睐"的人群。常见的湿疹有以下几种类型：

类型	主要症状	特别说明
渗出型湿疹	刚开始时脸颊出现红斑，随后红斑上长出针尖大小的水疱，并有渗液。渗液干燥后形成黄色的痂，抓挠、摩擦使部分痂剥脱，可出现有大量渗液的鲜红糜烂面	属于急性湿疹，病程 2~3 周，但容易转为慢性，且反复发作
干燥型湿疹	● 脸部、额头等部位出现淡红色的斑、丘疹，皮肤干燥，没有水疱、渗液，表面有灰白色糠状鳞屑 ● 病情严重时，胸腹、后背、四肢等部位也有可能出现湿疹	属于慢性湿疹范畴，常急性发作，病程比较长，有的几个月，有的甚至达好几年

当然，湿疹的分型并不是绝对的，有的时候单独存在，也有的是多种湿疹同时发生。不论是哪种情况，都应立即带宝宝去医院检查。

🌱 痒痒痒！湿疹的居家护理

遵医嘱用药

尽早带宝宝去医院检查，诊断湿疹的类型和病情发展情况，医生会开具药膏或药物，家长需要做的就是遵医嘱给宝宝用药。在家给宝宝涂抹药膏时，应先将长湿疹的部位用温水或生理盐水清洗干净，用纱布或毛巾吸干水，然后涂抹药膏

忌 根据以往的经验自行买药给宝宝涂抹。现在的细菌病毒耐药变异速度很快，这次的症状很可能跟上一次不一样，同样的药物却不一定管用了

正确处理湿疹部位

湿疹部位结痂后，可涂上鱼肝油使结痂软化慢慢脱落；宝宝长湿疹的部位皮肤损伤消失后，仍然需要继续用药进行巩固治疗，降低复发概率，所以家长需要记住宝宝长湿疹的部位

忌 硬性揭下痂皮而使宝宝皮肤损伤；看不到皮肤损伤就停药，容易让宝宝的湿疹复发

注意宝宝个人卫生

早晚坚持给宝宝洗脸，每天给宝宝洗一次澡。给宝宝洗脸、洗澡时，应用温水轻轻擦洗。洗完后要用干净柔软的毛巾轻轻擦干，然后在湿疹部位涂抹医生开的药膏，健康皮肤要涂上护肤乳液。汗液会刺激皮肤，导致湿疹复发，因此夏天出汗多时，应及时给宝宝擦汗，换上干净的衣服

忌 不给宝宝洗脸、洗澡；用碱性的肥皂给宝宝洗脸、洗澡；用热水烫洗宝宝长湿疹的部位

注意宝宝的穿着

给宝宝准备的衣物宜宽松、柔软，减少对宝宝皮肤特别是长湿疹部位的摩擦

忌 给宝宝贴身穿着化纤和毛制品衣物，这些衣物容易引起过敏，导致湿疹复发或加重

防止宝宝
抓挠

看好宝宝，一看到他抓挠，就立即阻止并立即让宝宝用洗手液清洗干净双手，家长也要用生理盐水给宝宝抓挠的部位进行清洗，再用柔软的毛巾或手帕揾干水，涂抹上医生开的药物以预防感染；勤给宝宝剪指甲，让宝宝勤洗手。

忌 不阻止抓挠，抓破后也不给宝宝洗手。尤其是宝宝刚玩完玩具或在外面玩泥沙后，抓挠会增加感染的概率

祛除湿疹不仅是"清热祛湿"

吃是我们的头等大事，对于正在长身体的宝宝来说更是如此，他生病期间的饮食尤其要小心谨慎。那么，宝宝长湿疹期间应该怎么吃呢？什么食物不能吃？

1. 宝宝湿疹，这些食物吃不得

先说说不能吃的吧，凡是有可能引起过敏或加重湿疹的，宝宝都要远离。我总结了一下，详见下表：

患湿疹期间忌吃食物一览表

忌吃食物	食物举例	忌吃原因
致敏食物	鱼、虾、蟹、贝类等海鲜类，蚕豆以及牛肉、羊肉、鸡、鸭、鹅等荤腥类食物	有的宝宝对海鲜、蚕豆过敏，要特别留意；而荤腥食物可加重体内热毒，使湿疹难以痊愈
辛辣刺激食物	葱、大蒜、生姜、辣椒、花椒等	刺激性强，可加重内热而加重湿疹
生湿、动血、动气食物	● 生湿的食物：竹笋、芋头、牛肉、葱、姜、梨、蒜、韭菜等 ● 动血的食物：慈姑、胡椒等 ● 动气的食物：羊肉、莲子、芡实等	湿疹最怕刺激，这些食物都有可能使宝宝气血涌动而加重湿疹

2. 清热祛湿与健脾强身两手都要抓

已经知道宝宝长湿疹时什么不能吃，现在我们看看他能吃些什么。看下面的结构图，一目了然：

病因分析

脾有运化水湿的作用，宝宝脾虚不能运化水湿，使湿气内蕴，加上过食荤腥味厚食物，很容易引起湿疹复发

脾失健运

病因分析

体内湿热毒盛，火气上涌到肌肤，再加上外感细菌、病毒，也会导致湿疹复发

湿热毒盛

饮食关键

清热，祛湿，排毒

食物推荐

扁豆、薏米、红豆、马齿苋、绿茶、冬瓜、山药、土豆等

饮食关键

健脾除湿，清淡饮食

食物推荐

绿豆、荷叶、菊花、甘蔗、马蹄、火龙果、芹菜、苦瓜、丝瓜、黄瓜等

🌱 食疗方缓解湿疹

生活中常见的食材也能帮助宝宝减轻湿疹，请看下面的食疗小方：

冬瓜汤

材料 冬瓜 300 克，盐少许。

做法 冬瓜连皮洗干净，去瓤，切成小块，放进锅里，加适量水，大火煮沸后转小火煮到冬瓜变透明，加少许盐调味。佐餐食用。

功效 冬瓜清热、利水，能帮助宝宝排出身体里的湿热之毒，促进湿疹的痊愈。

红豆薏米煎

材料 红豆 15 克，薏米 30 克，盐少许。

做法 红豆、薏米洗净，放进锅里加适量水浸泡 4 个小时，然后开火煮至熟透，加少许盐调味。佐餐食用。

功效 红豆、薏米都有健脾利湿的作用，能帮助宝宝强健脾胃，祛除体内湿气，减轻湿疹症状。

加仑果味冬瓜球

材料 黑皮冬瓜 800 克,黑加仑 500 克。

黑加仑长得跟葡萄真是像,不过它们没有什么"亲戚关系"。黑加仑是一种深紫色(看起来像黑色)的小浆果,味道很甜,可以当水果吃,也可以榨汁喝。

调料 蓝莓酱、白糖、蜂蜜、苹果醋各少许。

开始做饭喽!

1　黑加仑洗净,放入搅拌机中榨成汁,倒入保鲜盒,放少许蓝莓酱、白糖、蜂蜜、苹果醋搅拌均匀。

2　

冬瓜洗净,削去外皮,用挖球器将冬瓜肉挖成小球形。锅中放清水烧开,将冬瓜球煮熟,放入冰水中降温,沥水。

3　煮好的冬瓜球浸入黑加仑汁中,盖严。

浸泡至冬瓜球进味儿就可以取出食用了。

4

冬瓜球口感软嫩,黑加仑汁水浓郁,酸爽可口。

营养细细看 ☺

黑加仑含有非常丰富的维生素 C、磷、镁、钾、钙、花青素、酚类物质。冬瓜味甘、性寒,有利尿、清热、化痰、解渴等功效,对于湿疹患儿也有不错的辅助疗效。这道冬瓜球一方面补充维生素 C,促进湿疹表面皮肤痊愈,另一方面利用冬瓜清热解毒的功效,辅助湿疹痊愈。

换着花样吃 🍒

冬瓜可以换成苦瓜,只是苦瓜由于味道苦涩,并不容易被孩子所接受,那些对苦瓜不是很抗拒的孩子,适当吃一些苦瓜有助于湿疹痊愈。

菠菜
清汤面线

材料

菠菜适量
面线 1 把
猪肉丝适量
大蒜适量

调料

盐少许
芝麻油少许
橄榄油少许

营养细细看 ☺

宝宝长湿疹期间
也要补充营养，容易
消化吸收的菠菜面线
就很不错，铁、蛋白
质、维生素等都能补
充到。

换着花样吃 🍒

可以把菠菜换成
马齿苋，或者芹菜、
莴笋等其他蔬菜。

开始做饭喽！

1　菠菜去掉根和老茎，洗净，沥水；大蒜切片备用。

2　锅中放清水烧开，将菠菜焯烫 1 分钟，过冷水降温，
充分沥水，切段。

3　锅中放少许橄榄油烧热，放蒜片炒香，下肉丝翻炒。

4　加入适量清水，烧开后放入菠菜。

5　放入面线，搅散，待面线煮熟后放盐调味，淋少许
芝麻油即可。

开始做饭喽！

1　提前 6 小时将红豆和绿豆分别泡在清水中；海带洗
　净，用花形刀切成片；泡好的红豆和绿豆洗净，沥
　水备用。

2　砂锅内放适量清水，加入红豆和绿豆，大火烧开，
　放入海带片，转小火，继续煮到红豆、绿豆和海带
　软烂，放入米饭继续煮 15 分钟。

3　停火，锅盖盖严，闷 15 分钟即可。

双豆
海带粥

材料

海带适量
绿豆适量
红豆适量
米饭 2 大勺

营养细细看 ☺

　　在中医看来，海
带、绿豆都是药食同
源之物，有清热解毒
之功，对湿疹皮损的
痊愈有一定的帮助。

换着花样吃 🍒

　　可以在里面加上
冬瓜，带着一丝丝清
甜，而且能清热解毒，
对缓解湿疹病毒带来的
不适有一定的作用。

水痘 饮食清淡易消化，出痘高峰禁食发物

抵抗力相对弱的宝宝总是很容易被病毒盯上，水痘病毒就是其中一种。水痘是由水痘-带状疱疹病毒初次感染引起的急性传染病，冬春最常见，其他季节也有可能发生。水痘的传染性很强，接触患有水痘的宝宝，喷嚏、咳嗽时的飞沫等，都有可能使宝宝受感染。所以，家长一定要做好预防工作。

坚决不做"水痘"宝宝

帮助宝宝预防水痘，家长需要注意的问题可不少，详见图示：

注意保暖，防止宝宝抵抗力降低

让宝宝适当运动，增强体质

勤洗手，讲卫生，手上不沾小细菌

不吃生冷食物，多吃熟食，营养均衡身体棒

多通风，保持空气新鲜流通

多喝温开水，预防便秘，排出毒素

按照要求接种水痘疫苗

少去人流密集的地方，减少感染的机会

常晒被子和衣服，减少细菌的侵扰

💚 水痘就是长痘痘

作为宝宝最亲密的人，家长需要掌握水痘的症状和发展特点，当宝宝长水痘时才能及早发现及时处理。现在我们一起来看看水痘的症状和发展特点：

潜伏期
宝宝感染水痘病毒后，病毒不会立即发作，通常会上演"潜伏记"，时间为14天左右，期间宝宝没有什么明显的症状，有的宝宝可能觉得皮肤痒，通常被忽略

出痘期
潜伏期过后，宝宝的头皮、脸部、臀部、腹部等开始出现直径为2~3厘米的红色皮疹，短短几个小时至半天时间后，红色皮疹逐渐变成含有透亮液体的小水痘，同时伴有发热的症状

结痂期
宝宝出水痘2~3天后，水痘逐渐干结，形成黑色的疮痂，所有水痘变成疮痂的时间一般需要1~2周

恢复期
水痘变成疮痂后1~2周，疮痂脱落，宝宝的皮肤慢慢愈合，恢复如初

跟水痘患儿接触，以及接触带有水痘－带状疱疹病毒的飞沫、唾液，或吃了患有水痘的宝宝接触过的食物，都可能使宝宝感染上水痘。

❤ 宝宝得了水痘怎么办?

1. 及时就医

宝宝得了水痘，不管病情严不严重，一定要尽早去医院检查，尤其是出现以下症状时应立即就医:

水痘疱疹发生感染，出现脓包、脓痂

宝宝长水痘时，一般会连续4~5天出现新鲜的水痘疱疹，如果在病症的第6天仍然出水痘，家长要引起重视，尽快带宝宝看医生

宝宝出痘时持续高热、嗜睡，精神萎靡，看起来脸色很差

2. 遵医嘱用药

水痘属于自限性疾病，没有相应的药物治疗，但医生会根据宝宝的症状使用抗病毒药物。如果宝宝体温超过38.5℃，还需要遵医嘱给宝宝喂退热药。因为水痘很痒，宝宝忍不住去抓挠，医生也常会开一些外用的洗液，家长需要做的事情就是根据医生说的方法，给宝宝正确用药。

3. 避免抓挠

家长应把宝宝的指甲剪短，并告诉宝宝不能抓挠。如果宝宝自控能力差，家长就辛苦一些，时刻关注宝宝的情况，一旦发现他要抓挠水痘就立即阻止。

4. 注意避免感染

水痘变疱痂之前最好不要给宝宝洗澡，可以用淋浴冲洗宝宝的臀部，然后用毛巾蘸温开水轻轻给宝宝擦脸、擦身体。

● 给宝宝穿的衣服、盖的被褥不宜过多、过厚、过紧，因为一旦出汗会使水疱发痒。

● 水疱破裂后，疱液会污染宝

身上很痒，想抓。

不可以哦，会感染的，还会留下难看的疤痕。

宝的衣服、被褥，而疱液中含有细菌，所以要给宝宝勤换衣服、床单、枕头等。把这些物品清洗干净后，放在阳光下暴晒 6 个小时，可以起到杀毒作用。

● 宝宝使用的餐具、玩具等，要及时清洗消毒。

🌱 水痘宝宝的饮食指导

对于这个问题，我首先要给各位家长打个预防针：宝宝生病了，胃口肯定不好，不愿意吃东西，这时不要勉强他，等他饿了或想吃时再给他吃，强行让他吃东西只会加重他的心理负担，对疾病痊愈没有什么好处。

以下是我多年积累的知识以及在刘慧兰主任的指导下，总结的一些食疗建议，供各位家长参考：

1. 吃富含膳食纤维的食物

多给宝宝吃富含膳食纤维的食物，如白菜、芹菜、菠菜、豆芽菜等，这些蔬菜中的膳食纤维有助于清除体内的积热。

2. 大量喝水

宝宝患水痘期间可能因为发热而出现大便干燥的情况。家长除了每隔几分钟就给宝宝喂温开水之外，还可以喂一些果汁、蔬菜汁，如西瓜汁、鲜梨汁、鲜橘汁、番茄汁等。

3. 吃清热利水食物

让宝宝多吃一些具有清热利水作用的食物，如菠菜、苋菜、荠菜、莴苣、黄豆、黑豆、红豆、绿豆等，这些食物有助于病毒的排出，对水痘的痊愈有促进作用。

4. 善用中医小方

方 1：板蓝根冲剂，每次 1 包，温水冲服，每天 3 次。可清热解毒，帮宝宝减轻发热症状。

方 2：薏米、绿豆各 100 克，加适量水熬成薏米粥，加少许冰糖调味。可清热解毒、健脾祛湿，能帮宝宝减轻发热症状，还能提高抵抗力，促进水痘痊愈。

方 3：野菊花、金银花各 10 克，大米 100 克，加适量水熬成稠粥，加少许冰糖调味。清热效果很好，适合长水痘初期发热时用。

红黄绿
白菜卷

白菜竟然可以这样吃?
真新奇!

材料

白菜叶 3 片
胡萝卜 1/2 根
黄甜椒 1/2 个
菠菜 2 棵

调料

盐适量
白醋适量
白糖适量
橄榄油少许

310

开始做饭喽！

1 把白菜叶、胡萝卜、黄甜椒、菠菜洗净，注意白菜叶要尽量保持完整；黄甜椒切细丝，胡萝卜去皮后切细丝。

2 白菜叶、胡萝卜丝和菠菜分别放入加盐的开水锅中焯至断生，冲冷水降温后沥去表面的水，菠菜切段。

3 取一张白菜叶铺平，分别取适量胡萝卜丝、菠菜段和黄甜椒丝码在白菜叶的一端，卷成蔬菜卷。用同样的方法把蔬菜卷完。

4 将蔬菜卷切成寸段，摆盘，表面撒少许白糖和盐，淋白醋和少许橄榄油就可以上桌啦。

营养细细看 ☺

对于生病的宝宝来说，清淡又不失营养的饮食最好，这道红黄绿白菜卷就很不错。它不仅含有膳食纤维，能帮助宝宝把体内的水痘病毒排出去，还含有丰富的维生素，能帮宝宝提高抵抗力，增强体质，促进疾病痊愈。

换着花样吃 🍒

宝宝生病时胃口通常不好，那就尊重他的意见，尽量做他喜欢吃的，比如他喜欢吃芹菜，可以在白菜里卷上芹菜；如果他喜欢吃玉米，可以把玉米粒煮熟后卷进白菜里。

西米露
西瓜球

西瓜球清甜，西米露入口甘滑，小朋友哪个不喜欢呢？

材料

西米 200 克
西瓜适量

开始做饭喽！

1　将西瓜切开，用挖球器挖出若干个小球，装进盘子里备用；剩下的西瓜瓤请宝宝帮忙挑去瓜子，然后挖出来放进搅拌机中榨成汁。

2　锅中放清水烧开，放入洗净的西米，转小火熬煮。边煮边用木勺搅拌，当西米煮至透明时冲冷水过凉，放入碗中。

3　把西瓜汁倒在西米上，接着放入西瓜球，再用薄荷叶装饰就可以啦。

手足口病 发病初期吃流质食物，退烧后吃泥糊状食物

宝宝每天上幼儿园时都会进行晨检，保健室的老师会看看宝宝的小手，检查宝宝的口腔，就是为了及早发现手足口病隐患。很多家长一听到宝宝得了手足口病就"草木皆兵"，其实手足口病也没有想象中的那么可怕。家长可先了解这种疾病的传播途径、发病特点，认真帮助宝宝做好防治措施就好。

🌱 什么是手足口病?

手足口病是一种由多种肠道病毒引起的传染病，5 岁以下的宝宝是高发人群。这种疾病的传染性比较强，在幼儿园、早教班、兴趣班等宝宝集中的地方有可能存在大面积暴发。

吃了被病毒污染的水和食物

接触被病毒污染的毛巾、牙刷、牙杯、玩具及衣物

接触患有手足口病宝宝的飞沫、唾液

❤ 宝宝得了手足口病怎么办?

如果宝宝不小心感染了手足口病，家长也不要慌张，它并没有想象中的那么严重，配合好医生进行治疗，认真做好护理，宝宝很快就会好起来的。

手足口病的"真相"

下面是手足口病各个时期的发展情况和特点，供家长们参考:

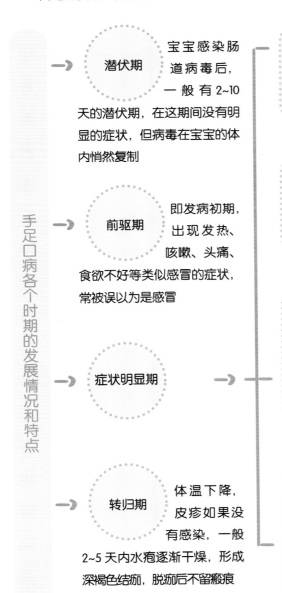

手足口病各个时期的发展情况和特点

潜伏期 宝宝感染肠道病毒后，一般有2~10天的潜伏期，在这期间没有明显的症状，但病毒在宝宝的体内悄然复制

前驱期 即发病初期，出现发热、咳嗽、头痛、食欲不好等类似感冒的症状，常被误以为是感冒

症状明显期

转归期 体温下降，皮疹如果没有感染，一般2~5天内水疱逐渐干燥，形成深褐色结痂，脱痂后不留瘢痕

出现类似感冒的症状1~3天后，宝宝的口腔、舌头、脸颊、手心、脚心、肘部、膝盖、臀部和前阴等部位，出现粟粒样斑丘疹或水疱，周围有红晕

皮疹出现后的第2天，有部分皮疹形成米粒或豆粒大小的清晰水疱。这种水疱看起来像水痘，所以手足口病也常被误认为是水痘

病情继续发展，宝宝的硬软腭、舌尖、舌侧缘、两颊、唇齿黏膜可陆续出现散在的白色小水疱，水疱破溃成小溃疡。这种溃疡疼痛明显，宝宝常因为吃东西时刺激到溃疡而哭闹、拒食，还经常流口水

少部分宝宝可能出现重症，表现为精神萎靡、烦躁不安、频繁呕吐、肢体震颤或无力、呼吸明显加快、面色苍白、呼吸困难，体温持续高于39℃且治疗后退热效果不佳等。这是宝宝可能出现并发症的信号，应立即就医

手足口病这样护理

当宝宝确诊患了手足口病时，家长除了配合医生为宝宝进行治疗、用药之外，日常护理还应注意以下方面：

避免外出

宝宝病症比较轻、不需要住院时，应尽量让宝宝待在家中，避免外出，直至体温恢复正常、水疱结痂，以免外出时受凉，或接触其他病菌而加重不适

做好隔离

手足口病传染性强，可通过唾液、喷嚏、咳嗽、说话时的飞沫等方式传染，如果家里不止一个宝宝，需要把健康的宝宝和患有手足口病的宝宝隔离开来。建议先暂时把健康的宝宝送到亲戚家，并向他解释清楚原因

注意环境卫生

每天至少开窗通风 2 次，每次至少 20 分钟。居室内要避免人员过多，禁止吸烟。家长每天需要用消毒液擦地板、桌子、沙发、门把手等宝宝有可能接触到的地方。每天可以用醋熏蒸房间进行空气消毒，方法为：把半瓶醋放在小锅里，大火把醋烧开，然后转成小火，让醋挥发

注意宝宝的个人卫生

宝宝用过的餐具、玩具等要及时清洗，用开水煮 15 分钟左右进行消毒。家里有两个宝宝的，要避免宝宝间相互使用对方的物品。宝宝的衣物、被单等要勤洗勤换，每天用婴儿洗衣液浸泡，清洗干净后放在阳光下暴晒。另外，吃东西之前、便后，以及宝宝玩完玩具后，都要让宝宝彻底洗干净双手

保证宝宝充足的睡眠

我们的身体很神奇，它会进行自我修复，特别是在患病时，它会在我们睡着时悄悄地"治疗"自己，慢慢恢复"力气"来对抗病毒。所以在宝宝患病期间，家长需要帮助宝宝养成健康

的作息习惯，保证宝宝有充足的睡眠时间。根据资料显示，一个成年人每天至少要有7~8个小时的睡眠时间，生病的宝宝应在这个基础上增加1~2个小时

对症护理

● 发热：38.5℃以下用温水给宝宝擦拭身体，在宝宝的头部贴退热贴进行物理降温，超过38.5℃则遵医嘱给宝宝服用药物

● 皮疹：使用医生开具的药物给宝宝洗浴长水疱的部位，擦干水后涂抹药膏；及时更换衣服，每天坚持给宝宝洗澡，保持皮肤清洁；把宝宝指甲修剪整齐，并告诉他尽量忍一忍，不要用手抓水疱

● 口腔里的溃疡：早晚坚持让宝宝刷牙，饭后用温开水或淡盐水漱口；给溃疡面喷涂医生开具的药物

唠唠唆唆带娃经

大人也有可能感染手足口病，只是大人免疫力强，症状轻，一般只是手足部位出现疱疹。但是这些大人会成为手足口病病毒的携带者，可能会传染给宝宝。所以如果家长发现自己有手足疱疹，在疱疹未痊愈之前避免接触宝宝。

在照顾患有手足口病的宝宝前后，家长都要洗干净双手，避免交叉感染。家里有其他宝宝的，如果不方便送到亲戚家，家长需要先做好安排谁来照顾生病的宝宝，照顾宝宝的人要避免接触其他宝宝，尽可能地减少传染的发生。

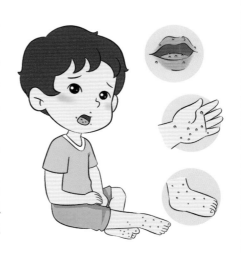

另外，宝宝得过一次手足口病会有抗体，但是并不排除再次感染的情况，所以预防措施不能松懈，家长应时刻关注宝宝的健康状况，一旦发现宝宝手足、嘴里长有小红点或白点时应及时带宝宝就医。

🌱 手足口病宝宝的饮食指导

宝宝患有手足口病时，常因为嘴里长溃疡而不愿意进食，这让很多家长发愁。我很想说，别勉强宝宝，我们大人不舒服的时候都不想吃东西，更何况是孩子。等宝宝愿意吃东西的时候，尽可能给他吃一些温和的流质或半流质食物，避免刺激他嘴里的溃疡。那么，哪些食物适合患有手足口病的宝宝呢？请看下面的小标签：

煮熟的食物

彻底把食物煮熟、煮透后再给宝宝吃，因为引起手足口病的肠道病毒在高温下可被灭活。忌给宝宝吃生冷、吃辛辣刺激的食物，以免刺激嘴里的溃疡而导致疼痛

清热解毒、利尿的食物

宝宝发热的时候，可以给他吃一些可清热解毒、利尿的食物，如绿豆、红豆、绿豆芽、百合、黄瓜、冬瓜、丝瓜、马蹄、梨、猕猴桃等，这些食物能帮助宝宝排出身体里的毒素，减轻发热症状

富含优质蛋白质的食物

宝宝生病了，需要适量的优质蛋白质来提高免疫力，这样才有能力把身体里的病毒给"赶出去"。鸡蛋、瘦肉、牛奶、豆制品都是优质蛋白质的理想来源，不过宝宝发热时应避免吃鸡蛋

富含维生素的食物

维生素 A、维生素 C 能帮宝宝提高免疫力，防止病毒的繁殖，所以要给患病的宝宝多吃富含维生素的食物。新鲜的蔬菜水果是维生素的良好来源，家长可把蔬菜煮熟、水果用开水泡一泡，然后给宝宝吃

水

宝宝发热时身体会丢失很多水分，再加上病毒的排出也需要大量的水分，所以要注意给宝宝补水。我的建议是每隔几分钟就让宝宝喝几口水，让他多跑几趟厕所。还可以给宝宝喝一些清淡的汤，以及小米粥、大米粥之类的，也能补水

🌱 防治手足口病，中医有良方

手足口病在中医里属于"时疫"和"温病"的范畴，是由于感染湿热疫毒，导致脾伤、肺胃失和而引起的。既然我们知道手足口病跟脾、肺有关，就可以通过一些小方子来帮助宝宝调理脾、肺，提高宝宝的抵抗力，预防手足口病或促进其痊愈。

菊花甘草山楂饮

材料 白菊花6克，生甘草3克，生山楂10克，冰糖少许。

做法 上述全部材料放入杯中，加200毫升开水浸泡，凉至温热后给宝宝饮用，每天1~2次。

功效 菊花清热解毒，山楂健脾胃、助消化，甘草既能调和菊花的凉性又能解毒，配伍使用能帮助宝宝祛除内热，减轻发热的症状，对预防手足口病、促进其痊愈都有益。

薏米扁豆粥

材料 薏米、扁豆各10克，大米100克，冰糖少许。

做法 薏米、扁豆、大米洗净，放砂锅里，加适量水熬成稠粥，加冰糖调味，凉至温热后给宝宝吃，每天1~2次。

功效 薏米健脾祛湿，扁豆健脾温胃，搭配大米煮粥，能帮助宝宝强健脾胃。对于患有手足口病的宝宝来说，经常喝这道粥，能使身体吸收到更多的营养，提高抵抗力，促进疾病的痊愈。

荷叶粥

材料 鲜荷叶2张，大米100克，冰糖少许。

做法 大米洗净后加适量水熬成稠粥；荷叶洗净，切成丝，放进粥里搅拌，加少许冰糖调味，凉至温热后给宝宝吃，每天1~2次。

功效 荷叶的清香能帮助宝宝除口气，它的清热作用能减轻宝宝的发热症状。

蘑菇
鸡腿蛋汤

汤汁鲜美可口，还能帮
宝宝恢复体力呢!

材料

鸡腿 1 只
干蘑菇 50 克
胡萝卜 1 小段
鸡蛋 1 个
葱 15 克
香菜 10 克

调料

芝麻油 100 毫升
料酒 5 毫升
水淀粉 2 克
盐 2 克

开始做饭喽！

1　鸡腿去骨、皮后洗净，放入清水锅中略煮，撇去浮沫，等汤变清后捞起来凉至温热（汤留着备用），把鸡腿肉撕成丝。

2　蘑菇提前用水泡发，彻底洗净后挤去水分，切片。

3　胡萝卜去皮，洗净，切成 3~4 厘米长的斜段，然后再切成菱形片；葱洗净，切丝；鸡蛋磕入碗里打散备用。

4　锅中放芝麻油烧热，放葱丝炒香，加入蘑菇片、胡萝卜片翻炒 3 分钟左右，关火，把蔬菜盛起来备用。

5　把鸡腿肉丝放回鸡汤里继续煮至沸腾，然后倒入鸡蛋液，3~4 秒钟后轻轻搅散。

6　接着放入炒好的蔬菜，加少许料酒、盐调味，淋入水淀粉搅匀，等汤汁变得浓稠时关火，撒香菜就可以出锅啦。

胡萝卜
香蕉奶昔

材料

胡萝卜 1 段
苹果 1 个
香蕉 1/2 个
牛奶适量

营养细细看 ☺

　　这道奶昔中膳食纤维、维生素和微量元素含量很丰富，还能帮助宝宝恢复体力，增强体质。

换着花样吃 🍒

　　苹果可以换成雪梨，香蕉也可以换成火龙果，清甜滋润，还能清热解毒，非常适合手足口病初期。的患儿食用。

开始做饭喽！

1　胡萝卜洗净切块；香蕉切成小段，一起放进搅拌机里打成泥。

2　苹果洗净，去皮、核切块，然后也放入搅拌机榨成汁。

3　把胡萝卜香蕉泥和苹果汁放入一个碗里。

4　把牛奶倒进微波炉专用容器中，放进微波炉里用中火加热 1~2 分钟，取出来摸一摸感觉热了就倒进果泥里拌匀，香香甜甜的胡萝卜香蕉奶昔就做好啦。

開始做饭嘍！

1 葡萄洗净，沥干水，把搅拌机的盖打开，然后一颗颗挤入去皮葡萄。

2 雪梨洗净，挖去根蒂，不用去皮、核，切小丁，放入搅拌机里。

3 黄瓜洗净，切小丁，也放入搅拌机。

4 甜椒（不限制颜色）洗净，带籽切小块，放入搅拌机，盖上盖，启动搅拌机搅打成浆。

5 将打好的蔬菜果浆盛入碗中，加适量蜂蜜调味就可以了。

蔬菜葡萄雪梨浓浆

材料

黄瓜 100 克
雪梨 1/2 个
紫葡萄 1 串
甜椒 1/2 个

调料

蜂蜜适量

营养细细看 ☺

这道小饮品清凉生津，还富含多种营养，能缓解手足口病引起的发热，帮助宝宝恢复体力，增强体质。

换着花样吃 🍒

黄瓜可以换成马蹄、西红柿等口感不错的蔬菜，葡萄也可以换成西瓜等水果。

蛋黄焗南瓜

材料

南瓜 500 克
咸鸭蛋黄 15 克
香葱 5 克

调料

盐 10 克
胡椒粉 5 克
淀粉 20 克

宝宝康复后，一定要用
它补充营养哦。
黄澄澄的，真是好看!

开始做饭喽！

1　南瓜去皮，切成厚片，然后顶刀切成长条，宽窄长短自行控制即可。切好的南瓜放入锅中蒸2~3分钟让它稍微变软点儿。

2　直接用蒸锅里的水，放入蒸过的南瓜条焯20~30秒钟，然后捞起来，放进碗里，加淀粉搅匀，使南瓜条的表面均匀地裹上一层淀粉。

3　炒锅里倒入小半锅的油，用小火加热到微微冒烟，然后放入南瓜条炸至金黄色，捞出沥油备用。

4　鸭蛋黄切碎，香葱洗净后切成细末。

5　炒锅留底油，放入鸭蛋黄，用小火煸炒几秒钟，然后下炸好的南瓜条，中火翻炒几下，保证每条南瓜都包裹上鸭蛋黄，最后加盐、胡椒粉炒匀，出锅，撒上香葱即可。

营养细细看 ☺

手足口病后期，当疱疹逐渐消退以后，最重要的是多休息，多吃富含蛋白质的食物，帮助身体尽快恢复。咸蛋黄比较开胃，南瓜含有维生素和果胶，果胶有很好的吸附性，能黏附和消除体内细菌、毒素及其他有害物质，还可以保护胃肠道黏膜，促进胆汁分泌，加强胃肠蠕动，帮助食物消化，对宝宝生病后免疫力的恢复也有着一定的帮助。

换着花样吃 🍒

可以直接把咸蛋黄换成蛋液，即新鲜鸡蛋打入碗中，搅拌成全蛋液，倒在南瓜条上，尽量让南瓜都蘸上适量的全蛋液，再热锅倒油，下南瓜条翻滚几下即可盛出。

专题 1　巧妈妈 DIY，让宝宝吃上健康小零食

大熊猫饼干

材料　低筋面粉 285 克，黄油 160 克，全蛋液 50 克。

调料　糖粉 120 克，可可粉 15 克，盐 4 克，泡打粉 4 克。

开始做饭喽！

1　黄油置室温下软化，取 80 克左右放入碗里，放入 60 克糖粉和 2 克盐，用打蛋器搅拌，然后取 25 克打好的全蛋液，先向黄油中倒入 1/3，继续用打蛋器搅拌，当黄油和蛋液融为一体时再倒入 1/3 蛋液，重复上面的步骤，直到将全部蛋液融入黄油中为止。

2　将 150 克低筋面粉和 2 克泡打粉同时放入做法 1 中，搅好后揉成面团，包上保鲜膜，放入冰箱冷藏室，30 分钟后取出。

3　重复做法 1，再将 135 克低筋面粉、15 克可可粉和 2 克泡打粉筛入剩下的黄油里，用同样的方法搅拌并揉成咖啡色面团，包上保鲜膜，放入冰箱冷藏室，30分钟后取出。

4　铺好揉面垫，用擀面杖把两块面团分别擀成厚度约 0.5 厘米的面片。

5　熊猫模具由两部分组成，用熊猫身子的模具将咖啡色面片压出尽可能多的身子部分。用面部与腹部的模具将白色面片压出同样多的熊猫面部和肚皮。别忘记在熊猫脸上压两个小圆坑，各放入一个咖啡色的小面球，做成眼睛。再压出鼻子和嘴。

6　把全部的面片铺在托盘中，放入冰箱冷冻 5 分钟后取出，将两块不同颜色的面片背面涂一点水，黏合。同样的方法黏合剩余的面片，摆在烤盘里。全部做好后把烤盘放入烤箱中层，设定 180℃ 的温度烤 10 分钟，取出凉凉就可以啦。

酷黑蛋糕

材料 低筋面粉 35 克，奥利奥饼干、竹炭粉各 10 克，鸡蛋 3 个。

调料 柠檬汁、蜂蜜各少许，白糖 25 克，玉米油 35 毫升，可可粉 15 克，橄榄油适量。

开始做饭喽！

1 用蛋清分离器将蛋白和蛋黄分开，分别放入两个玻璃碗里。

2 将 35 毫升玉米油和 35 毫升水、15 克白糖放进蛋黄中，用打蛋器打匀，直到将打蛋器向上抬起时，蛋黄能直立起并拉出可以固定不动的小尖；奥利奥饼干擀成粉，用面粉筛将 35 克低筋粉、奥利奥饼干粉、竹炭粉一起筛入蛋黄中，搅拌均匀。

3 将柠檬汁放入蛋白盆中，将剩下的白糖分成 3 次放入蛋白中，每放一次，用打蛋器打到变硬后再放下一次，一直打到全部的白糖与蛋白融为一体。

4 取 1/3 打好的蛋白放入蛋黄中搅匀，把混合的蛋糊倒回剩余的蛋白中再搅匀。取圆形模具，内壁刷一层橄榄油，将完全混合好的蛋糊倒入模具，在操作台上轻震几次，将蛋糊中的气泡震出来。

5 烤箱预热至 150℃，将蛋糕模具放入烤箱中下层，以 150℃烤 45 分钟。烤好后取出模具，倒扣放置，使蛋糕脱离模具。

6 用喝果汁的粗吸管在蛋糕表面均匀地扎 12 个孔，像不像一块蜂窝煤？撒适量花生粉或者可可粉，模拟烧过的炉灰，卖相逼真，太酷了！将蛋糕装盘，表面淋适量蜂蜜就可以啦。

冰糖葫芦

材料　新鲜山楂 500 克，竹签适量。

调料　冰糖 250 克。

开始做饭喽！

1　把新鲜的山楂洗干净，彻底控干水，用小刀在山楂中部划开一个小口，用刀尖取出子，穿在竹签上。

2　锅中放 250 毫升清水、250 克冰糖，大火烧开，转小火慢熬 10 分钟左右，等糖水表面起泡、水渐渐黏稠、颜色开始变深并发出噼啪的响声时关火。

3　使糖水锅倾斜，拿起竹签，迅速将山楂充分浸入糖水中转一圈，裹满糖浆后迅速提起，放在抹好水的平盘中。

4　糖浆自然降温后握住竹签，稍用力就可以将冰糖葫芦取下来了。

酥炸糖核桃

材料 核桃仁 200 克，鸡蛋 1 个。

调料 红薯淀粉 35 克，色拉油、白糖各适量。

开始做饭喽！

① 把核桃仁放在热水里泡一下，迅速捞出，控去水，然后放白糖拌匀。

② 鸡蛋磕入碗里，放淀粉，用筷子顺着一个方向打成均匀细腻的鸡蛋面粉糊，然后放入核桃仁，让核桃仁充分裹满鸡蛋面粉糊。

③ 用面粉筛筛入干淀粉，使每一粒核桃仁都裹上一层干淀粉。

④ 锅中放油，小火加热到四成热，这时油面比较平静，有少许泡泡，没有油烟和响声，然后下入核桃仁，用筷子轻轻划散，小火慢炸至核桃仁呈浅黄色时捞出。

⑤ 用厨房纸巾吸去核桃仁表面残余的油脂，凉至温热后放入密封的玻璃罐里保存，每天给宝宝吃 3~5 粒就可以啦。

椰蓉奶丸仔

材料　吉利丁片 8 克，淡奶油、牛奶各 100 毫升，椰子汁 150 毫升，椰蓉适量。

调料　白糖 10 克。

开始做饭喽！

1　将吉利丁片用冰水浸泡。

2　将椰子汁、淡奶油和糖一起放入锅中加热，锅里的液体刚刚开始要烧开时倒入牛奶，把泡软的吉利丁片投入锅中，使其彻底溶化。

3　把煮好的椰汁奶糕放凉到 30℃ ~ 40℃，分若干份倒入圆形模具中，自然降温后放入冰箱冷藏 4 小时左右。

4　把椰蓉均匀地平铺在烤盘里，放进预热至 120℃ 的烤箱中层，以 120℃ 上下火烤 10 分钟，颜色微黄即是烤好，取出放凉。

5　冷藏的奶糕凝固后就可以从冰箱里取出来了。盘底撒一层椰蓉，将椰汁奶糕摆在椰蓉上，再往奶糕的表面撒一层椰蓉，椰蓉奶丸仔就做好啦。

制作郊游便当，
带宝宝出门不必担心饮食安全

🍲 小白兔可爱便当

材料 米饭若干，土豆1个，生菜、胡萝卜各1片，西蓝花少许，圣女果、鸡蛋各
1个。

调料 盐、胡椒粉各5克。

开始做饭喽！

1　用米饭做出小白兔的造型，不会做的家长可以参考
　　图片来做，然后用海苔做出眼睛和嘴巴的形状，
　　再用胡萝卜片做个蝴蝶结。

2　鸡蛋打散，用平底锅煎成蛋饼，
　　然后盛出，放入生菜卷起
　　来，切成小段，放在
　　米饭旁边。

3　西蓝花洗净，
　　下开水锅中
　　焯熟后放
　　在米饭的
　　旁边；土豆
　　洗净，去皮，
　　切成块，加盐稍
　　微腌一腌，然后用
　　平底锅煎熟，同样放在
　　米饭的旁边；圣女果洗净，
　　对半切开，放在米饭上，再撒
　　少许胡椒粉就可以啦。

三明治便当

材料　吐司4片，鸡蛋2个，圆火腿2片，土豆、胡萝卜各适量，生菜叶3片。

调料　盐、黑胡椒粉各少许，沙拉酱适量。

开始做饭喽！

1　鸡蛋煮熟，用切蛋器横竖各切两次切成细条，然后再切成粒，撒入盐和黑胡椒粉，再加入1大勺沙拉酱稍加拌匀即可。

2　圆火腿切条后切粒；土豆去皮洗净，入蒸锅蒸熟，碾成泥；胡萝卜去皮洗净，上锅蒸熟，同样碾成泥。将以上处理好的食材放入上面做好的鸡蛋沙拉中，拌匀。

3　吐司面包薄薄地涂抹上一层沙拉酱，中间放入调好味的鸡蛋沙拉，两片吐司夹起来，上面放一个略有重量的东西（比如空便当盒）压一会儿，切去吐司四周的外皮，然后对半切开即可（吐司面包中间还可以夹生菜等）。

蛋包饭虾仁藕盒便当

材料 米饭 1 碗，鸡蛋 2 个，紫菜 1 片，藕 1 段，姜、葱各适量，面粉 100 克。

调料 酱油、鸡精、芝麻油、白醋各 1 小勺，盐、糖各适量，淀粉半勺。

开始做饭喽！

1 用白醋、糖、盐调成汁，比例为 6：3：3，小火搅拌，待糖完全化开后就成了寿司醋，待用。

2 将面粉放入盆中，打入鸡蛋，搅拌成糊状。若面糊很稠，可适当加些水，调稀一些，以用勺子舀起来能倒成细线为宜。

3 热锅倒入面糊，摊成蛋皮，取出凉一下，放上一片紫菜，把饭均匀地摊在紫菜上，然后卷起，压实后切成小份，放进便当盒里。

4 藕去掉两头，削皮，洗净，切成薄片，然后泡入水中（这样能避免氧化，防止变黑）；葱、姜分别洗净，切碎，一起放入碗里，加入盐、鸡精、酱油、芝麻油各 1 小勺和淀粉半勺搅拌，做成面糊。

5 取出藕片，用厨房用纸吸干表面水，蘸上面糊。

6 锅里加小半锅油烧热，下入藕片，炸至表面呈微黄色，然后摆入做法 3 的便当盒里就可以了。造型可以让宝宝帮忙想一想，还可以配上一些爽口的蔬菜丁、火腿丁等。

番茄酱烧虾泡菜炒饭便当

材料 冻净虾仁200克，鲜豌豆、韩国泡菜各50克，米饭若干，黄豆30克，南瓜100克，西蓝花少许。

调料 色拉油、料酒、盐、胡椒粉、海鲜酱油各适量。

开始做饭喽！

1　将南瓜连皮洗净（不去皮是为了保持其完整性，煮完后连皮都可以吃的，如果宝宝不习惯吃也可以去皮），切成小粒；西蓝花掰成小朵，洗净后放入开水锅中烫熟，捞出备用；豌豆洗净；黄豆提前泡发。

2　油锅烧热，下入泡菜，紧接着放入米饭，翻炒均匀，取出，可让宝宝帮忙用模具做出形状来，装入便当盒中。

3　锅烧热，倒入适量的色拉油，放入洗净的虾仁，大火爆炒至虾仁变红，放入豌豆、黄豆、南瓜丁炒匀，随后加入料酒、胡椒粉、海鲜酱油，翻炒至食材熟透，用盐调味即可出锅，放入便当盒里，摆入烫熟的西蓝花作为装饰就可以了。

注意：泡菜略微有些辣味，不喜欢吃辣味的宝宝，可以把泡菜换成酸菜。味道也很不错。

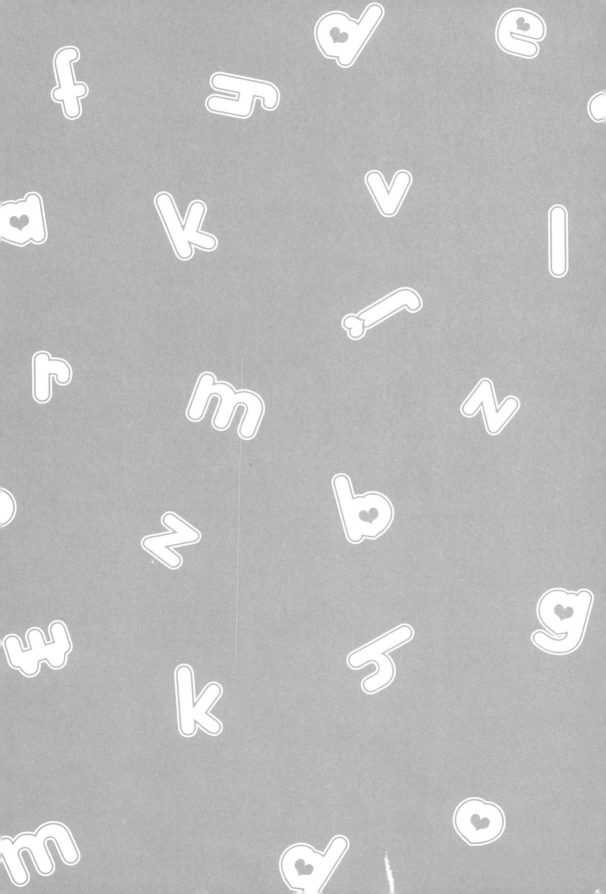